本书获深圳大学教材出版基金资助

室内设计色彩心理学

主　编　张岩鑫
副主编　李　微　陈锾焕
　　　　陈颖莉　葛　洋

清华大学出版社
北　京

内 容 简 介

本书旨在将色彩心理学与室内配色的各个环节进行充分整理并解析设计思维形式，从设计的角度融入色彩心理因素，完善设计思维的心理规律与路径。室内设计师要以人为本，用色彩心理学启发引导设计思路，运用好色彩在室内的搭配规律，从而设计出舒适的空间环境。

全书从感观色彩的基本性质与原理解析室内空间设计的规律，运用色彩心理学引导设计师了解色彩与空间的关系，结合东西方色彩观念学习色彩的感性思维模式与理性思维方法来创作室内设计作品，通过色彩的平面、立体、光影的科学应用再现室内设计的情感表达和心理展现，通过在空间中色彩的不同变化创造各种新颖环境，结合实际案例分析不同的色彩搭配方法，使色彩在室内设计中更灵活地展现、更多元地应用。色彩的动态应用都是围绕着塑造不同的立体空间和空间的立体打造，应用色彩不断变化的动态形式和心理变化来进行室内设计空间的打造。本书还分析了不同功能空间的色彩设计对居室环境的影响，全书图文并茂，有很好的学习和参考作用。

本书可作为高等院校艺术设计学科环境艺术设计专业相关课程的教学用书，适合室内设计师、室内软装设计师等专业技术人员阅读，也适合作为普通人群家庭装饰设计指导用书。

图书在版编目（CIP）数据

室内设计色彩心理学 / 张岩鑫主编. -- 北京：清华大学出版社,

2025. 3. -- ISBN 978-7-302-68122-9

Ⅰ. TS238.2-05；J063-05

中国国家版本馆CIP数据核字第20256LN253号

责任编辑：王　定
封面设计：高娟妮
版式设计：恒复文化
责任校对：成凤进
责任印制：沈　露

出版发行：清华大学出版社
　　　　　网　　址：https://www.tup.com.cn，https://www.wqxuetang.com
　　　　　地　　址：北京清华大学学研大厦A座　　　　邮　编：100084
　　　　　社 总 机：010-83470000　　　　　　　　　邮　购：010-62786544
　　　　　投稿与读者服务：010-62776969，c-service@tup.tsinghua.edu.cn
　　　　　质 量 反 馈：010-62772015，zhiliang@tup.tsinghua.edu.cn
印 装 者：三河市龙大印装有限公司
经　　销：全国新华书店
开　　本：203mm×260mm　　印　张：13.5　　　字　数：323千字
版　　次：2025年4月第1版　　印　次：2025年4月第1次印刷
定　　价：79.80元

产品编号：085327-01

本书编委会

前　言

　　人类自从有了感知，就有了对色彩的认知，色彩是人类认知世界、了解世界和创造未来的永恒载体，人类的生存和繁衍也离不开这个迷幻的世界。从发现色彩到应用色彩再到创造色彩，无一不是人类科技和文明的进化过程。从原始社会代表生存认知的岩洞绘画中简单色彩的应用，到当今电子色彩细致无密度的分割，是从无意识拥有到有意识选择的转变。大自然中显相红色的太阳会让人联想到温暖的感觉，同时红色还会让人联想到血液、火焰等危险的事物，还会让人产生愤怒、兴奋、死亡等情绪；绿色会让人感受到广阔的草地、森林、田野等的清新、蓬勃向上；蓝色会让人联想到大海、天空等宽广的事物，能够使人的心胸变得开阔；黑色则让人想到黑夜、危险、恐怖、死亡的来临；等等。美国著名心理学家伯尔赫斯·弗雷德里克·斯金纳表示，事物的颜色会在不同程度上影响人的心理，给人留下不同的印象。

　　本书从色彩心理学的角度讲述色彩在室内空间的应用变化与认知规律。结合对中华民族传统色彩与西方色彩的认知和二者的互通，学习色彩与光的相互作用，并结合自身对设计的认知来创造新空间环境。色彩与光的交互规律给予设计师更丰富的设计手段，从而有利于设计师在不同空间改造中的个性发挥。在室内设计中的空间色彩设计领域，把控室内空间的设计要素，掌握色彩、光影、装饰、陈设、绿化等的应用成为设计师在空间色彩中研究的设计要素。其中，不同空间色彩是室内设计中的关键要素。室内设计色彩心理学涉足的领域一定是根据地域的不同、民族的不同、国家的不同、信仰的不同、人群年龄和文化的不同等综合因素去考量的。它是一种独特而高效的视觉语言。色彩除直接对人们的视觉环境造成影响外，还会对人的生理、心理产生刺激，进而影响到人们的工作效率及身心健康。室内设计心理学是融合艺术审美、科技成果、文化底蕴与医学知识的多学科交叉领域，为室内设计提供科学且人性化的应用手段与方法。

　　世界上但凡一个好的设计都不是单一的、无条件的，好设计的认定不是单纯的造价高、材料好、创意新颖等客观外在的条件，而是一个适应环境的、舒适的、恰到好处的绝美体现，并非满足所有客观条件时产生的设计就是好设计。也可以说只有最适合的设计才是"好设计"。所以，在运用色彩艺术时要感受室内环境空间的基本功能，恰当地运用色彩来进行室内设计。色彩在空间中的适当应用不仅能使室内空间环境达到最佳的实用性与艺术纯美装饰性的统一，还能协调材料与工艺手段来创造视觉最佳效果。应用色彩与心理思维模式来为室内空间营造和谐美好的主观感受。将色彩中的性格心理学、色彩中的爱情心理学、色彩中的健康心理学、色彩中的情绪心理学、色彩中的职场心理学、色彩中的生活心理学等融入室内设计空间表现中来，不仅要满足室内设计的空间要求、合理实用的居住要求等，还要满足艺术审美需求和经济需求，实现环境空间的统一和谐，使室内环境的空间更富人性化、个性化、情感化和智能化。了解室内设计中的心理元素和意识形态规律，可以使设计师在进行室内色彩搭配时更多地注重色彩对人的物理、心理和生理的作用，充分利用人对色彩的视觉感受，创造更富有个性、表现多元、层次分明、有规律与情调的环境。

为了让室内设计师的作品更加贴近生活、展现生活、创造适应度高的生活空间，使人们对色彩中所应用的心理学有一个更加深入的了解，有效地将空间色彩与心理交织在一起，我们编撰了本书。本书共分为六章。第 1 章从理论的分析和总结入手，介绍色彩基础知识，包括色彩的由来和色彩体系；第 2 章讲述色彩的基本属性；第 3 章是本书的重点，阐释色彩心理学的概念、色彩的视觉心理和色彩的意象与表现，并配有大量案例，做了有针对性的分析与讲解，使理论和实际紧密结合；第 4 章讲述色彩搭配的基本原则与方法；第 5 章、第 6 章通过大量图文案例描述不同风格的色彩搭配以及不同人群空间配色印象；第 7 章讲述室内设计历史与风格演变，讲述中国古代室内设计变迁以及不同功能空间的配色案例。全书最后的图片赏析结合作者绘制的油画苹果插图进行心理测试性解读色彩，图文并茂，运用单一图形色彩心理分析和解读，将空间描述与平面色彩认知相结合，对室内色彩应用有着极大的参考作用。

本书面向广大从事室内设计专业的设计师，专业性极强。对初学设计的读者而言，本书能够使其从心理学应用的角度深入学习；对专业设计师而言，本书在设计思维方式与技能提高上都有着非常重要的学习价值和参考价值。对于一个专业设计师来说，理解色彩心理、掌握色彩协调搭配的规律和方法是进行新时代空间设计的必备技能。色彩心理学在室内设计和空间规划中起着连接、整合、包装、桥梁、牵引和协调的作用。颜色对人们生活、心理的影响都将是未来研究的课题。

本书的出版得到了深圳大学教材出版基金的资助。在本书策划与编写过程中，作者还得到了教育界同事、设计界专业人士和心理学专家的大力支持与协助，在此对他们表示衷心的感谢。

本书疏漏之处在所难免，敬请设计界同行及广大读者不吝指教。

本书教学课件、教学大纲及作品赏析可扫描下列二维码获取。

教学课件 　　　　教学大纲 　　　　作品赏析

张岩鑫

深圳大学海洋艺术研究中心

2025 年 2 月 1 日

目　录

| 第 1 章 |

色彩基础知识

光线与阴影有助于我们对物体的了解(understanding)，颜色则有助于我们对物体展开想象(imagination)与抒发感情(sentiment)。在构成室内设计的众多元素中，色彩以其独特的感性特征，叙述着空间的情感，并引发人们对空间的无限遐想。

1.1　色彩的由来

人类对颜色的认知，有着极大的共同之处。例如：绘画图形、数字计算、表情、哭声、笑声都是人类在生存中的共同部分。色彩是通过人类的基本感官中的眼睛、大脑结合生活经验所产生的一种对光的视觉效应，是大自然中事物所特有的直观的感官属性特征中的一个最为重要的部分，在人类生存中无处不在。人类能够生活在绚丽多姿的世界中，与色彩密不可分(见图1.1)。中国古代对大自然色彩的描述则各有千秋，赞美和认知自然色彩的诗句和记录也层出不穷。

图1.1　春夏秋冬四季变换　(摄影：康上荣)

太阳光是人类认知色彩背后的灵魂。从取得火焰到发明电灯等人造光，人类对光和色彩有无限的探究。可以想象，如果没有光线，人类就无法面对生存中的种种挑战和创造，也无法辨别任何物体的形状与色彩。

约三千年前的中国古代就对色彩有了认知与应用，自皇帝开始就对色彩有了崇拜与认定。历经商、汤、周、秦，帝王们从"阴阳五行"中分别认定和崇尚青、白、红、黑、黄五色。这不同于西方对色彩的物理认知和科学实验中的分析，因为认知建立的国度和理性观念不同。古人对色彩特性的认知来源于对宇宙观的认知及自发性的理解"五行中的金、木、水、火、土"的哲理(见图1.2)。中国传统将红、黄、青(绿、蓝)、白、黑视为正色。儒家《正名篇》中有"色以目移……心有微知"等论断，但没有向后世的人们进行色彩的理论阐述和定义。

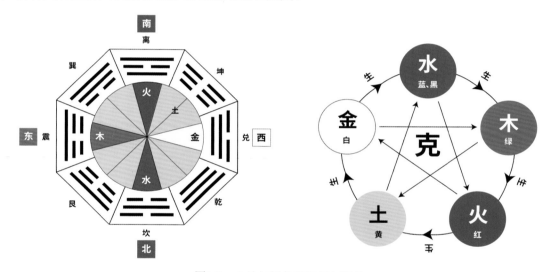

图1.2　八卦与颜色和五行与颜色

色彩在建筑中也有着举足轻重的作用。在传统的中国古代建筑中，颜色也是必不可少的。在悠久的历史中，传统的建筑色彩逐渐形成了独特的东方色彩系统。当然，传统的建筑色彩系统的形成和发展与其所处的文化环境息息相关。中国的传统文化博大精深、丰富多彩，在不同的时代、不同的地理环境下，其文化的发展必然会对传统的建筑色彩产生一定的影响，因此，传统的建筑色彩也会呈现出多元化的特征。中国传统建筑的色彩发展可以分为四个时期，即秦汉、隋唐、两宋和明清时期。在这四个时期中，传统的建筑色彩发生了一系列的转变，从秦汉初期发展到隋唐，经过两宋的传承发展，再经明清时期的发展，终于趋于成熟。在整个发展历程中，传统的建筑色彩呈现出一种稳定、继承的发展特征，并形成了一套完整的颜色系统。但在各个阶段，建筑颜色又呈现出其自身的特征，这些特征在各个阶段都受物质技术、文化审美等方面的影响。表1.1所示为中国古今用色制度和用色形式规律。

表1.1　中国古今用色制度和用色形式规律

序号	朝代	颜色观	建筑室内用色	用色制度
01	夏商周	夏后氏尚黑，殷人尚白，周人尚赤	殷商：宫殿柱子多为红色，墙白色，宫殿的"堂"和前檐多用"锦绣被堂"帷幔、壁衣之类的织绣、绘品装饰；周代：宫殿、柱墙、台基多涂以红色	夏商时期初步建立中国冠服制度；周王朝设"司服""内司服"官职，掌管王室服饰。以青、赤、黄、白、黑等五种原色为主
02	春秋战国	楚地尚赤；邹衍"五德轮转说"	春秋：宫殿建筑有彩绘，使用朱红、青、淡绿、黄灰、白、黑等色；战国：建筑上使用黑、白、红、黄代表不同方位	河南襄邑的花锦，山东齐鲁的冰纨、绮、缟、文绣，风行全国
03	秦代	秦代周，从水德，衣服旄旌皆尚黑	宫殿的色彩沿袭春秋以来的传统，柱涂丹色，墙壁涂以青紫或绘有壁画，官署用黄色	行佩绶制："皇帝佩黄赤绶，诸侯王佩赤绶，诸国贵人、相国佩绿绶，将军佩紫绶。"
04	汉代	汉初尚黑，文帝时改尚黄，后汉光武帝时正火德，色尚赤	宫殿与官署建筑多用红色。藻井一般为青绿色调，栋梁为黄、红、金、蓝色调，柱、墙为红色或大红色	拓展佩绶制："文帝后规定，乘舆黄赤绶，诸侯王赤绶，诸国贵人、相国皆绿绶，公、侯、将军紫绶，九卿中两千石、两千石以上青绶，千石、六百石黑绶，四百石、三百石、二百石黄绶。"
05	魏晋	朱、紫、黄、黑多为帝王公卿所用	屋顶上琉璃瓦的出现和使用，黄色处于至高无上的地位	北魏行公服制："夏，四月，辛酉朔，魏始制五等公服。(注：公服，朝廷之服；五等，朱、紫、绯、绿、青)"晋代"庶人不得衣紫绛"
06	隋代	皇室尊崇紫色	建筑用色尚朱、黄，配以青、绿	服色制度："五品以上，通着紫袍，六品以下兼有绯绿，胥吏以青，庶人以白，屠贾以皂，士卒以黄。"
07	唐代	尚黄，皇室尊崇紫色	宫殿、庙宇、官邸多用红柱、白墙，梁架施以彩画，屋顶为灰瓦、黑瓦与彩色琉璃瓦	唐制规定："三品以上服紫，四品以上服深绯，五品以上服浅绯，六品服深绿，八品服浅青，其他不入品之杂役、士兵卒、庶民、商贾等服黑白二色。且士庶不得以赤黄为衣。"
08	宋代	尚红，紫色的地位进一步提高；宋代瓷器：色彩除青、白、黑外，还出现各种花釉	宫廷建筑颜色突出为红色；建筑彩作和室内装饰色调追求稳而单纯；往往将构件进行雕饰，色彩是青绿彩画、朱金装修、白石台基和红墙黄瓦综合运用	创立借紫、借绯制度，服制颜色主要考察绶带区分不同等级。色彩应用在民间也有了不成文的等级管理制度
09	元代	元代室内色彩丰富，装饰彩画红、黄、蓝、绿等色均有	宫殿使用白石台基，红墙、红柱、门窗，黄、绿色琉璃瓦屋顶、屋檐下施以"五彩遍装""碾玉装""青绿叠晕棱间装"等彩画手段，加强了建筑物阴影中色彩冷暖的对比	制定了天子和百官的上衣连下裳、上紧下短，并在腰间加襞积，肩背挂大珠的"质孙服"制，汉人称"一色衣"或"质孙袄"

（续表）

序号	朝代	颜色观	建筑室内用色	用色制度
10	明代	尚赤，官员服色以赤为尊；玄、黄、紫三色为皇家专用	明初，宫殿均覆以绿色琉璃瓦；嘉靖后，以黄色琉璃瓦代替。明清时代建筑色彩等级更加严格、分明，琉璃瓦以黄色最高，绿色次之，还有蓝、紫、黑、白各色，用途各异	明初要求衣冠恢复唐制，其法服的式样与唐代相近，只是将进贤冠改为梁冠，又增加了忠靖冠等冠式。明朝因皇帝姓朱，遂以朱为正色，又因《论语》有"恶紫之夺朱也"，紫色自官服中废除不用
11	清代	汉人官员用蓝色官服，满族官员用黑色官服	民宅色彩多为材料本色，北方灰色调为主，南方多粉墙、青瓦，梁柱用深棕色、褐色油漆，与南方常绿自然环境相协调	钦定《服色肩舆条例》颁行，从此废除了浓厚汉民族色彩的冠冕衣裳
12	1912年以来	五彩纷呈的服装冲垮了衣冠等级制度	中国近代建筑中居民建筑、工业建筑和公共建筑是发展的重要方向。受西方影响较大。砖木混合结构传入中国，逐渐推广起来，其中包含一些时代的特色建筑产物	辛亥革命结束了两千多年的封建君主专制制度，中华民族的服饰进入了新时代

17世纪英国物理学家牛顿在剑桥大学的实验室中发现了光在可见物体中的作用，解读了光与色彩的核心秘密(见图1.3)。牛顿的光学实验：在一个昏暗的房间中，封闭的窗户上有一个直径约0.85厘米的圆孔，在房间里面放置了一个玻璃三棱镜，太阳光线通过这个圆孔照进来，然后折射到房间对面墙的上方，在那里形成了阳光的彩色图像，即红、橙、黄、绿、蓝、靛、紫七色光谱。

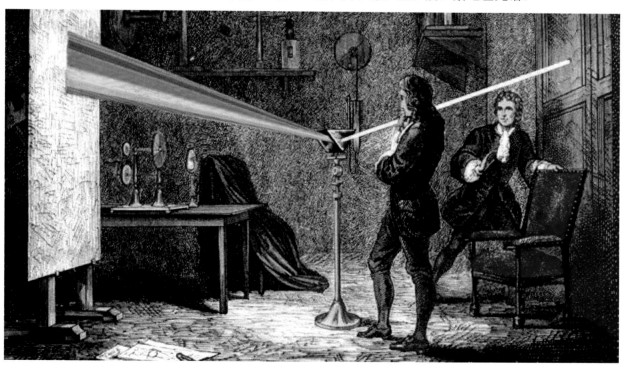

图1.3　牛顿的光学实验

牛顿从物理学的角度给出了光与色理论产生的基本原理，成为人类认知光、了解光及利用光来认知色彩的鼻祖，成为人们对色彩的应用与研究的创造者，并且成为对人类科学做出巨大贡献的先驱。他让人们了解到色彩的产生是由于光在物体表面存在反射，从人眼睛的识别到转化为脑的认知，各种色彩的呈现效果都是通过光谱中的七色光衍生而来的(见图1.4)。人的眼睛最终能够辨识多少色彩、看到多少种不同色相的颜色，取决于波长的差异，色彩会使可见光在人们的眼中形成不同的色彩特征，从而让人们感受到多种不同的色彩刺激并进行定义和记忆。

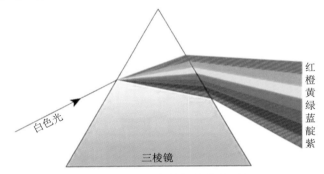

图1.4 由三棱镜折射的光现象

西方以理性科学的认知来定义光与色，东方则用心与感受来理解光与色。科学的定义不是永恒不变的和正确的，只是一个认定方式。东方人在一段时期曲解了西方的科学认知手段，认为科学的方法是永恒不变的、正确的。物理学家牛顿运用了大量科学实验来证实光对色彩的影响与存在形式，并用理论数据证实了色彩是以色光为主体的客观存在。而对于人类的第一感观来说，光和色就是一种视觉认知的基本现象，也就是东方文化思维中的心与感受。科学计算和数据分析方法与人类感观进行无数次的碰撞，不断改变和不断更新，感悟光与色、情感与思想。

色彩是在光的作用下人体感观视觉中的一种认知现象，这种现象基于三个基本要素：第一是"光"，物体的颜色取决于物体本身，也取决于物体对光的反射。第二是"物体"，可见光投射到物体上时，不同物体会产生不同波长的反射光，某些波长的光被吸收，另一些波长的光被反射出来刺激人的眼睛，经过视神经传递到大脑，形成物体的色彩信息，即人的色彩感觉(见图1.5)，光线在物体表面反射或穿透，进入人眼，再传递到大脑。例如，人会认为树叶是绿色的，并不代表光本身是绿色的，而是人类的脑垂体和脑部结构判断出了绿色。第三是"视觉系统"，作为人类感知色彩的生理基础，眼睛的构造差异会导致不同的视觉感知能力，这种生理差异会直接影响色彩信息的接收与处理，进而形成差异化的心理认知和记忆存储。因此，光、物体、眼睛三者之间的关系与色彩的心理认知和记忆构成了色彩研究和色彩学的基本内容，同时也是色彩设计实践的理论基础和依据。

图1.5 光线在物体表面反射或穿透 （摄影：李海琳）

1.1.1 光与色彩

中国古代便将光与色的关系在绘画中表现得惟妙惟肖，生于20世纪70年代的现代画家、艺术评论家韦羲在《照夜白》一书中运用东西方绘画的光影色的表现手段系统地分析了中国古代绘画的光与色的认知形式。"山水尽处，光影乍现"，将中国古典绘画中的光与色的原生之美进行了层层解析。

在欧洲古代的《圣经》中对光的含义的描述是非常神性的。《圣经》中，神说："要有光，就有了光。有了光，万物就获救于无边的黑暗之中。"而在中国传统文化中，光是一种存在于所有人的知性当中的，众生万物皆有的光明存在。在我国西周初期到春秋中叶(前11世纪至前6世纪)的《诗经》里便描述了光是"桃之夭夭、灼灼其华"。桃花怒放千万朵，色彩鲜艳红似火，形容姑娘光彩照人、无比鲜亮。南朝宋代文人郭茂倩编纂的《乐府诗集》中的一首诗这样描述光："阳春布德泽，万物生光辉。"意指万物自身都是光源，有了万物也就有了万种光。古代绘画的表现更是解释光与万物的苏醒，自照还照人，光的存在好似如睡如醒的自然。

牛顿的光学实验表明，无论他把何种颜色或

材质的物体放置在单一的一束光前面，他都无法改变折射光的颜色。通过这个实验，他推断出，一些可以被称为"光谱色"的颜色是不能被分解的根本性存在(见图1.6)。

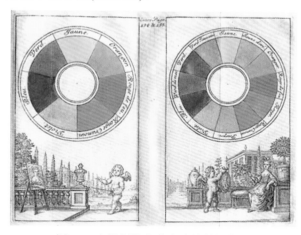

图1.6 牛顿根据光谱实验绘制的色环

在科学技术的不断进步及物理学家不断试验和光学实验的推动下，19世纪中叶，英国物理学家詹姆斯·克拉克·麦克斯韦在多次实验中发现电力和磁力二者之间的内在关联，经过不断证实引出"电磁学"的概念。他在实验中演示了带电粒子彼此排斥或相互吸引的方式，以及这些带电粒子如何像波一样运动。并且，他提出"可见光"即色彩是由一组特殊的电磁波引起的概念。他还证明了另外几种电磁波如紫外线、无线电波、X射线等的存在。这些电磁波属于电子波谱，每种电磁波都可以通过彼此之间成反比的波长和频率进行测量和定义。与电磁光谱的其他波一样，每种颜色都有不同的波长和频率，如表1.2所示。

表1.2　光波显色表

光波	波长	光线/颜色感知	心理象征
不可见光线	大于780nm	红外线、雷达射线、无线电波等	穿透性、破坏性、有益性
	小于380nm	紫外线、X射线等	
可见光线 380～780nm	610～780nm	红色	热情、性感、权威、自信
	590～610nm	橙色	亲切、坦率、开朗、健康
	570～590nm	黄色	信心、聪明、希望
	500～570nm	绿色	清新、有活力、快乐
	450～500nm	蓝色	希望、理想、独立
	380～450nm	紫色	高贵、神秘、高不可攀

这些光波对人类生存环境与心理的影响是完全不同的，紫外线在一定程度的照射和释放下对人类健康是有帮助的，人类出生一个月便需要一定量的紫外线的照射来去除黄疸，老年人餐后适当的紫外线照射可转化食物中的钙，进行补钙等。反之，大量照射紫外线会导致皮肤过敏、灼伤、脱水等不良后果。

无线电的频率传输模式经过编制，应用极其广泛，甚至可以利用光源闪烁的不同状态来编码，将各种语言、数字等信息变成密码，形成一种世界通用的表达与交流模式。早期战争联络、文件传输等都得益于无线电。

1895年11月8日，伦琴在德国维尔茨堡大学的一个实验室里做实验时发现了X射线，并以他的名字命名。X射线为人类打开了一扇可以穿越物体的门，它的发现为科学界开辟了更广阔的天地，揭开了现代物理学的全新时代，也开启了一场科学界革命。同时，对光学色彩中的定性和光与色应用领域中的研究起到重大突破作用。

太阳发射的光波，有两个特征：一是波长；二是振幅。这两个特征都是形成色彩的基本条件。光作为一切视觉现象的主要媒介，能够有效帮助人们分辨和识别大自然中的色彩。

总而言之，没有光就不会有色彩，可想而知，光对于色彩的影响是极为重要的。日常生活中，人们依靠光来辨别物体的形状和色彩，进而获得对客观世界的认知。物体在光线的照射下产生的反射光被人脑接收，从而使人们获得对色彩的认识。

各种光波有其不同的波长。波长大于780nm的是红外线、雷达射线、无线电波等，波长小于380nm的有紫外线、X射线等。这些都是人们在正常的环境、条件下看不见的光线，叫不可见光线(见图1.7)。

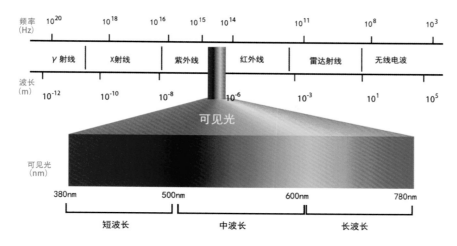

图1.7 波长与频率

最原始的可见光源指的是自然光源，它是由太阳的照射而产生的。在自然光源的作用下，自然界中的万事万物也就有了色彩的表现特征，而这些色彩往往离不开该事物的自身属性及周围环境的影响，通过光的照射，形成了事物的固有色彩。如图1.8所示，在太阳光的照射下，自然景物能够呈现出不同的色彩。

图1.8 自然景物的色彩差异

古人类为了生存而应用的火焰光是自然光源。随着人类科学技术的不断进步，人类发明电灯之后就产生了所谓的人造光源——钨丝灯光(1906年，美国人库利奇发明了钨丝灯，钨丝灯从1907年起一直沿用至今)。后来，人类发明了LED节能光[两位日本科学家和一位日裔美籍科学家因发明节能的蓝色发光二极管(LED)共同获得2014年诺贝尔物理学奖]。钨丝灯光、LED节能光及各种综合的智能光等统称人造光。

人造光源在人类生活领域发挥着不同凡响的作用，对色彩形式和人的心理感受有着超强的控制力和改变作用；对事物的色彩呈现造成影响，在不同人造光源光线的照射下，可以让事物呈现出不同的色彩特征，进而影响色彩对人们视觉感知功能的刺激。如图1.9所示，灯泡代表的正是人类研究发明的人造光源。

图1.9　人造光源灯泡　(摄影：李海琳)

光在不同环境中的传播形式不同，给人感知色彩的心理也不同。光波在传播过程中，相邻的波峰和波谷之间的垂直距离就是振幅。振幅对色彩的传播和影响非常重要，了解振幅在光的环境中对色彩的影响，把握不同光环境下的色彩规律可以塑造不同的光学心理和色彩心理环境。振幅的变化会引起色彩在明暗上的差别。振幅大，光量就强，色彩的明度就高；振幅小，光量就弱，色彩的明度就低。光与色的传播形式和给人的感受也不仅仅决定于振幅。

光源照射的方式和色彩差别也同时影响着色彩心理效果。光还分直射光和漫射光。直射光的光源和照射在物体上的光都是单一的，而单一光源照射物体的反射光和转换多角度的光都属于漫射光。直射光的光量要大于漫射光的光量，因而人们视觉上就会感到直射光会明亮一些，暖和一些。总之，在不同的光源、环境、光量下，物体的颜色会发生一些不同的变化。所以，在设计当中，光学与色彩的应用要特别重视光的照射模式、照射位置、照射角度等，要针对室内要照射的物体来恰当地设计光源。同一颜色和同一造型的物体，在不同照射环境和照射角度下会让人产生不同的心理感受。

各类物体，对不同的光波有着不同的吸收能力或反射能力，这一能力是决定物体色彩的主要因素。太阳(自然光)发出的光是七色光混合成的白光，白光照到物体上，物体本身可以反射什么颜色的光，呈现的就是什么颜色。反射出红色，这个物体就是红色。自然界并不存在完全吸收或完全反射所有色光的物体，物体吸收的光和反射的光有的多有的少，呈现的颜色自然就千变万化。自然光以外还有人造光、火光、磷光等，再加上光源不同、照射角度不同、环境不一样，因此光波给我们带来了五彩缤纷、五光十色、万紫千红的大千世界。

东西方对于光与色的认知在本质上并无区别，西方以理性科学的认知来定义光与色，东方以心与感来理解光与色。色彩的可视化应用，就是利用媒介来动态应用色彩，使色彩更加灵活地展现，更多元地应用。色彩的动态应用都围绕着塑造不同的立体空间。立体空间的打造要应用色彩不断变化的动态形式。

例如，冷色通过空间改变逐渐变成暖色，形成另一个空间感受。同一空间可以通过色彩的动态变化来改变空间的应用功能。

1.1.2 客观环境

1. 物体色

物体色是指物体固有颜色和受光源照射时呈现的颜色，利用物体的原色和漫射光形成的颜色、运用心里感知的色彩进行舒适的室内设计，需考虑两个因素。第一是物体反射颜色的面积和比例，第二是物体色的本身性质和材料，要更好地应用物体材质的性能进行空间规划。

清晰了解光的作用与物体的特性，才能设计出舒适的环境。各种物体对接收的光在吸收、反射、投射色光的特性方面各有不同。这种情况在整体上可分为不透光和透光两类。不透光材质注重设计的造型，透光的物体不但要考虑造型还要注意光照后呈现的形状与颜色等。由于不透明物体呈现的颜色取决于对不同波长所反映出来的各种色光的反射和吸收，所以在造型设计中也要考虑这一特性。如果物体能反射阳光中所有的色光，那么它就呈白色；反之，如果物体能吸收阳光中几乎所有色光，那么它就会呈黑色。可见不透明物体所呈现的颜色由其反射的色光量所决定；透明物体所呈现的颜色由其所透过的色光决定。如图1.10，红色玻璃之所以呈红色，是因为它只透过红光，而其他色光被吸收。

图1.10　光透过彩色玻璃透射出的光

物体色呈现的原因主要是物体对光的吸收与反射，为此，根据环境条件合理选择不同光源色，能提高视觉舒适度和营造和谐的色彩氛围。西方哥特式教堂就是充分利用彩色玻璃窗来透射阳光，从而获得一种错综迷离和虚幻缥缈的宗教氛围(见图1.11)的。由于物体对各种波长的光具有选择性的吸收、反射与投射功能，因此充分发挥光源色对物体色的作用，就能最大限度地将色彩的美感发挥出来。

图1.11　巴黎圣母院的彩色玻璃

在室内设计中，设计师要了解室内设计的材料，利用物体本身的材质并依照光学原理来设计，使设计中的物体颜色和造型在光的影响下表现出舒适的效果。

2. 光源色

光源色来自多方面，自然光和人造光照射物体表面形成反射而产生的颜色都属于光源色。通过各种光源发出的光，会因光波的长短、强弱、比例性质的不同，形成不同的色光，这些色光可以称为光源色。自然界里存在着丰富的色彩，光源色不同，事物的色彩也会不同，因此，在不同光线的影响下，人们会对色彩产生不一样的色彩知觉，感受到不同效果的色彩环境，从而反映出不同的心理感受。

人类的生存环境和生活环境被变化多端的视觉现象所影响，物体呈现出的色彩是受制于光源的，光照是先决条件。所以在室内设计中，对于光源的数量、照射面积、光源颜色等，设计师都要精确计算，有效地把光源所能够创造出来的色彩效果合理、舒适地应用到设计作品中。

如图1.12所示，在太阳光映射下，自然环境呈现出更为生动的景象，具有鲜明的空间层次感。

图1.12 自然光源色

光源色的发光体不光来自自然，还由各种形形色色的事物组成，例如人为创造的灯泡、显示屏等，任何事物都会随着光源色的改变而呈现出不同的色彩色调(见图1.13)。

图1.13 不同类型的光源色

3. 环境色

环境色是指一物体反射出来的色光又反射到其他物体上的颜色。环境色通常比较弱，不及光源色影响大，但它也在一定程度上影响着物体的色彩。总的看来，环境色通常在物体的背光部分及两种不同物体的接触或接近部分反光明显。环境色的反光量程度取决于环境物体的材质肌理，如金属、瓷器等表面光滑的物体反光量大，对周围物体的色彩影响也较大；表面粗糙的物体反光量小，对周围物体的色彩影响也相对较小。

4. 其他

天气的变化、大气中的尘埃和水蒸气、人与被观察物体的远近距离等因素也都会影响人们最终观察到的色彩结果。此外，光的衍射指光在传播过程中，遇到障碍物或小孔时，光将偏离直线传播的路径而绕到障碍物后面传播的现象，比如通过羽毛等一定结构物体的边缘、缝隙、小孔产生的各种光纹；光的干涉是指两列或几列光波在空间相遇时相互叠加，在某些区域始终加强，在另一些区域则始终削弱，形成稳定的强弱分布的现象。诸如肥皂泡、水面油膜等在日光照射下呈现绚丽的色彩现象。光的衍射和光的干涉一样证明了光具有波动性。

1.1.3 视觉系统

人类接受的外界信息，大约80%是经过视觉获取的。对光、色、形的知觉，是人类视觉器官最基本的功能。人的视觉功能被从眼球到大脑的极其复杂的构成体系所影响。外界的光由瞳孔进入内部，通过晶状体和眼球内部的液体，在视网膜上结成映像。然后，这种映像利用从视网膜发出的视神经纤维传给大脑，形成最初的视知觉。视网膜映像、视神经纤维和大脑，组成了完全的视觉系统(见图1.14)。

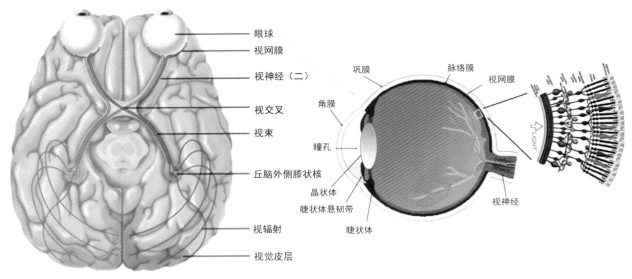

图1.14　人眼完全的视觉系统以及视网膜截面图

眼球最里面为视网膜，视网膜相当于照相机靠后背的感光底片。眼球相当于焦距约17mm的广角镜头。当然，视网膜分布在以视轴为中心的较广的范围内。

光一照射到视网膜上，光的能量就被视网膜的感光细胞层所吸收，感光细胞层由此接受到某些光化学刺激而产生反应，这种反应通过视神经传递到大脑。经过大脑优先处理中心过滤、解读由某种感觉提供的信息之后，便有了感觉。我们周围所有颜色都是色彩经过大脑的某种反应。我们看见色彩时，光进入瞳孔，经由眼球的晶状体把事物的形象聚焦于视网膜上。视网膜内的感光器感知到光的各种波长，这些感光器是决定能见色数量的关键。图1.14最右端为视网膜组织与反应途径。接近中心部位存在密集的称为锥状体的感光细胞。锥状体感受器具有在通常亮度范围内准确地辨认物体形态和色彩的功能。与此相对的，偏离中心部位，广泛分布的感光细胞称为杆状体。杆状体总数达到1.25亿个。杆状体没有色觉功能，但非常敏感，可在非常暗的光照环境下发挥视觉作用。

当视网膜感觉到光的刺激时，就会产生两种视觉信号：一种信号来自视杆细胞——感知弱光的感光细胞，一种信号来自视锥细胞——感知色彩的感光细胞。这些信号通过视觉神经离开眼睛，到达大脑中一种称为视神经交叉的神经路口。左右眼球视网膜所接受的映像，经向外伸出的视神经纤维，在头盖骨内互相交叉之后，最终达到分布于大脑后部的视觉区，在这里同脑细胞群联结。所以外界的映像，并不停留于眼球视网膜，而是在大脑里建立。被光激活的视锥细胞的种类和数量决定我们能够看到哪种颜色。眼睛能够感觉的光波长为380～780nm，不论在此限以下的紫外线，或是在此限以上的红外线，都不能被感觉。在可见光的范围内，眼睛对各种波长的光，也不具有相同的感受性。一种视锥细胞感知短波长，蓝色和紫色；一种感知中波长，绿色和黄色；一种感知长波长，红色、橙色和黄色。

在明亮处，眼睛对波长为555nm的黄绿色光具有最高的感受性。接近黄昏时，当人们观赏绿叶中的红色花朵时，最初色彩鲜明，这是锥状体在发挥作用。眼看着天色渐渐暗下来，突然叶子的绿色看起来更显眼了，而红花变深发黑了，这是杆状体开始发挥作用，是红色敏感度下降、绿色敏感度上升的结果。

色彩是我们生活中的装饰，其中的学问博大精深，无论何时何地，色彩都极为重要地影响着人类的生活。通过普遍存在的色彩现象，人们进行了关于色彩的各项研究。特别是对于学习艺术设计的人们而言，了解色彩的基本原理也是全面认识色彩的关键所在。通过学习，大家在实际的创作中能更好地运用色彩，提升作品的魅力。总之，无论在什么领域，色彩的存在都是展现形态、缔造品质的重要因素。

1.2 色彩体系

色彩分为有彩色系与无彩色系两大类，有彩色系是指可显示色相与纯度属性的色彩范畴，即有彩色系具备了色彩全部的色相、明度、纯度三种属性，而无彩色系是指黑色和白色以及黑白之间出现的一系列灰色。无彩色系没有色相与纯度的变化，只有明度的变化，作为颜料，黑色与白色可以改变所有彩色的明度与纯度。

1.2.1　无彩色系与有彩色系

无彩色系指除彩色以外的其他颜色,常见的有黑、白、灰。明度从0变化到100,而纯度很小,接近于0。因为它们不包含于可见光谱,所以不能称为色彩。从视觉心理的角度来看,虽然它们只有明暗一个变化属性,却具有完整的色彩特征(见图1.15),在色彩系中也扮演着重要角色,在颜料中也有其重要的任务。当一种颜料混入白色后,会显得比较明亮;相反,混入黑色后就显得比较深暗;而加入黑与白混合的灰色时,则会改变原色彩的纯度。因此,黑、白、灰色不但在心理上,而且在生理上、化学上都可称为色彩。

有彩色系包括可见光谱的全部色彩,以红、橙、黄、绿、蓝、靛、紫为基本色(见图1.16)。基本色之间不同量的混合、基本色与黑白灰之间不同量的混合可以产生各种色彩。有彩色系是由光的波长和振幅决定的,波长决定色相,振幅决定色调。有彩色系除了明暗还有色相与纯度(鲜艳度)等属性。

图1.15　速写(作者:潘喜良)

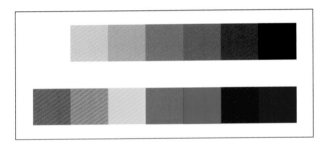

图1.16　无彩色系与有彩色系

1.2.2　三原色

三原色,又称为三基色,是指光谱中不能通过其他颜色混合调配而得出的颜色。以三原色为基础则可以混合出千变万化的色彩。

人们有意识地应用色彩是从原始人用固体或液体颜料涂抹面部与躯干开始的。19世纪早期,英国科学家托马斯·杨格再次采用了牛顿的一些同时代人曾经根据人眼的生理特征提出的概念:色光原色应该是红、绿、蓝。这一观点很快被物理学家詹姆斯·克拉克·麦克斯韦的光学实验所证实:将红光和绿光混合得到黄光,然后加入一定比例的蓝光,最终出现的光是白色的。自此,

人们才认识到色光原色与颜料原色的差异。

图1.17(a)所示为色光三原色,又称加法三原色,由红光、绿光、蓝光三种光色构成,三种光色等量混合可以获得白色,应用于电视、电脑等影视图形显示。图1.17(b)为颜料三原色,又称减法三原色,由红、黄、蓝三种颜色组成(这里的"红"和"蓝"不是真正意义上的红和蓝,分别指代品红和青),可以混合出所有的颜色,等量相加为黑色。对于色彩设计而言,光的三原色能够帮助大家掌握色彩的调配原理,创作出更为生动、形象的色彩设计作品。

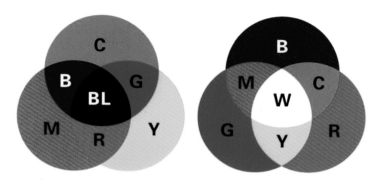

图1.17　(a)色光三原色(加法三原色)　(b)颜料三原色(减法三原色)

1.2.3 色立体的演变

　　色彩构成可以理解为色彩的作用，是在色彩科学体系的基础上，研究符合人们知觉和心理原则的配色。配色有三类要素：光学要素(明度、色相、纯度)，存在条件(面积、形状、肌理、位置)，心理因素(冷暖、进退、轻重、软硬、朴素与华丽)，设计的时候运用逻辑思维选择合适的色彩搭配，产生恰当的色彩构成。最优秀的配色范本是自然界里的配色，我们可以观察自然界里的配色，通过理性的提炼最终获得我们所需要的东西。

　　色彩构成并非只能意会不能言传，它是有自己的一套相关理论的。我们在日常生活中观察的颜色在很大程度上受心理因素的影响，即形成心理颜色视觉感。说到色彩，不能不提到色立体。

　　色立体是一种将色彩按照色相、明度、纯度三个属性，系统加以整理排列，所形成的三维立体空间模型。目前比较通用的色立体有三种：孟塞尔色立体、奥斯特瓦德色立体、日本色彩研究所发布的PCCS色彩体系。其中应用最广泛的是孟塞尔色立体，我们所用的图像编辑软件颜色处理部分大多源自孟塞尔色立体的标准。室内设计色彩选择基本标准的衡量工具也是孟塞尔色立体，该系统的指导原则是色空间的均匀性。而PCCS色彩体系在孟塞尔色立体基础上讨论配色，建立"色调"概念。

　　孟氏色谱是从心理学的角度，根据颜色的视知觉特点所制定的标色系统。美国画家孟塞尔为了加强色彩教育，把色彩三属性加以尺度化，并形成等距离的配置，于1915年研究出孟塞尔颜色系统，1917年创立了孟塞尔颜色公司，1942年孟塞尔颜色基金会成立，美国光学会对孟塞尔颜色系统进行修正，最终诞生了孟塞尔色立体(见图1.18)。

　　孟塞尔将空间划分为色相、明度、纯度三维，又分别称为孟塞尔色调、孟塞尔明度和孟塞尔纯度。孟塞尔色立体是第一个把色相、明度和纯度分离成为感知均匀和独立的尺度的颜色描述系统，并且是第一个系统地在三维空间中表达颜色的关系。孟塞尔色立体，尤其是其后的再标记法，基于严格的人类受试者测量的视觉反应，具有坚实的实验科学依据。至今孟塞尔色彩体系仍是比较颜色的标准及广泛使用的色彩系统。我国高校色彩教育基本上以孟塞尔色彩体系为基础，在学术界与色彩相关的技术工作者和研究者更是常用它作为色彩分析工具。

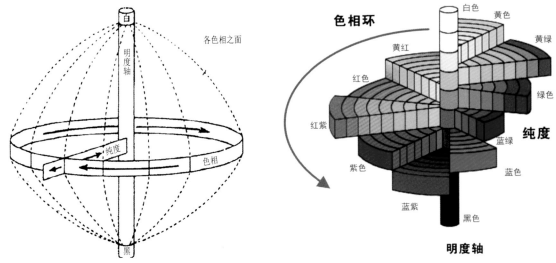

图1.18　孟塞尔色立体

孟塞尔把各种表面色的三属性全部标示出来，模型中的每一部位代表一种特定的颜色。由中心明度轴向水平方向投射的角度代表色相，色彩体系中围绕中心轴的色相环是由10种基本色相按照顺时针方向排列组成的，其中包含了5种原色和5种间色。在从红到紫的光谱中，等间地选择 5 种色，即红(R)、黄(Y)、绿(G)、蓝(B)、紫(P)五种主色调。相邻的两种色相互混合又得到：

橙(YR)、黄绿 (YG)、蓝绿 (BG)、蓝紫 (PB)、紫红(PR)，从而构成一个首尾相交的环，这个环被称为孟塞尔色相环(图1.19)。每种色调又等分为10个亚色调：1R、2R、3R、4R、5R、6R、7R、8R、9R、10R，这样色调就被分成了100级(图1.20)。并且孟塞尔论证了五种基本色调(调整到相同的孟塞尔明度和孟塞尔纯度)能够形成中性色。

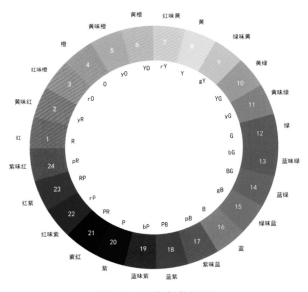

图1.19　孟塞尔色相环

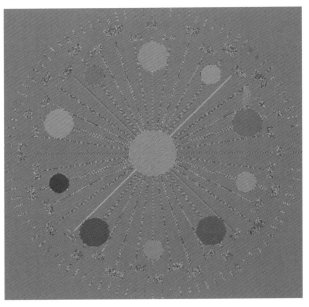

图1.20　孟塞尔色谱

某一特定颜色与中心轴的水平距离代表纯度，中心轴上的中性色的纯度为0，离明度轴越远，纯度值越大(见图1.21)。模型的中心轴代表无彩色的明度等级，从底部的黑色过渡到顶部的白色共分成11个等距的灰度单位，从黑(0级)至白(10)级(见图1.22)。视觉均匀的非彩色以用孟塞尔的目视测量仪器得到的光反射率来定义。在各明度等级前加上"N"表示无彩色，如：N0、N1、N3等。

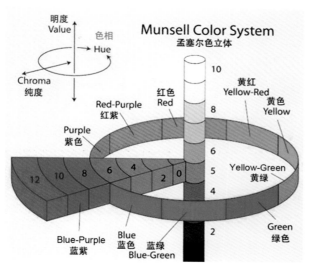

图1.21 孟塞尔色立体纯度表示方法

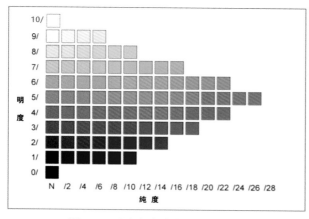

图1.22 孟塞尔色立体的纵切面图

孟塞尔色彩系统创造性地总结了色彩的分类、逻辑心理与视觉特征等问题，为色彩应用、现代色彩学的发展确立了方向，像化学颜料、印刷输出、数字色彩等方面都是基于该系统的实际应用。

奥斯特瓦德(简称奥氏)颜色体系由德国化学家威廉·奥斯特瓦德于1920年发表，奥斯特瓦德创立的色立体则提出了心理四原色的概念。在心理上把色彩分为红、黄、绿、蓝四种，并称为四原色。通常红—绿、黄—蓝称为心理补色。任何人都不能将白色用这四个原色混合出来，黑色也不能用其他颜色混合出来。所以，红、黄、绿、蓝加上白和黑，成为心理颜色视觉上的六种基本感觉。尽管在物理上黑是人眼不受光的情形，但在心理上许多人却认为不受光只是没有感觉，而黑确实是一种感觉。

奥斯特瓦德的颜色体系，主要依据是画家用颜料来调色的办法：用饱和度最高的单色颜料，依次添加白色和黑色，形成不同明度、饱和度的等色相三角形。他将黄、蓝、红、绿分别放在圆周的四个等分点上，成为两组补色。然后在两色中间依次增加橙、蓝绿、紫、黄绿四色相，单色颜料被分为了基本的八种颜色：黄、橙、红、紫、蓝、蓝绿、绿、黄绿。每一种色相又细分出3等分色相，于是形成了一个24色的色相环(见图1.23)。24个色相组成的等色相三角形走一圈，就是奥氏色空间。在奥氏色彩体系中仍以明度为垂直中心轴，中心轴作为三角形的一条边，三角形的顶点为纯色，上部为高明度色，下部为低明度色。以图1.24为例，在等纯度、等白量、等黑量的直线上都可以找出相互调和的色彩。

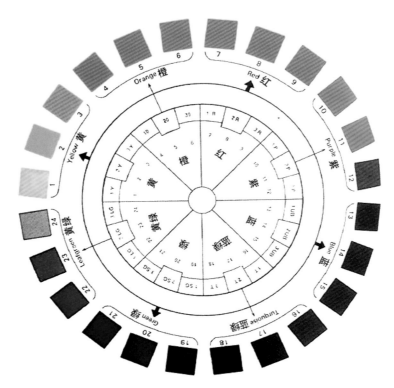

图1.23　奥式色立体中的色相环

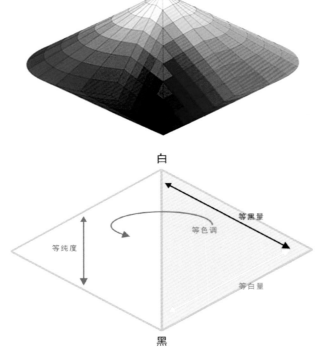

图1.24　奥斯特瓦德色立体模型

该体系尝试建立色空间以将全部色彩正确标定，还尝试找到指导和谐配色的定律。奥斯特瓦德提出了理想色立体模型，配色理论容易被人们理解和接受，色彩调和方法简单易懂。但是奥氏体系的三角形的等色相面限制了色彩数量，如果发现了新的色彩，就无法在色彩体系中表示出来，因此目前基本没有人在大范围的应用领域使用奥氏体系。不过它的思路和方法被很多后来的色彩体系所借鉴，对后世的颜色体系有着深远的影响。

日本色彩研究所于1964年发布"实用色彩调和体系"PCCS(Practical Color-ordinate System)色彩体系。PCCS色彩体系综合了孟塞尔和奥斯特瓦德两者的优点，是一个折中型的系统。它在孟塞尔色空间的基础上，主要以色彩的调和为目的，将明度和纯度结合成为色调。从色调的观念出发，平面展示了每一色相的明度关系和纯度关系，并可以从每一色相在色调系列中的位置，明确分析出色相的明度和纯度的合成分量。它是空间配色中运用广泛的色彩系统(见图1.25)。

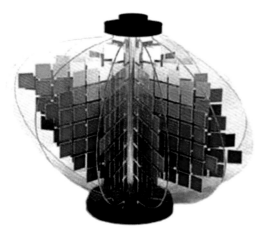

图1.25 PCCS色彩体系

PCCS色立体的色相分别以光谱上的红色、橙色、黄色、绿色、蓝色、紫色为基础，根据等间隔、等感觉差距的比例分成了24个色相(见图1.26)、17个明度色阶和9个纯度等级，然后再将整个色彩群的外观色表现出12个基本色调倾向(见图1.27)，其中还包含了色光三原色和印刷三原色。

序号	系统色名	英文名
1	紫红色	Purplish red
2	红色	Red
3	黄红色	Yellowish red
4	红橙色	Reddish orange
5	橙色	Orange
6	黄橙色	Yellowish orange
7	红黄色	Reddish yellow
8	黄色	Yellow
9	青黄色	Greenish yellow
10	黄绿色	Yellow green
11	黄味绿	Yellowish green
12	绿色	Green
13	蓝味绿	Bluish green
14	蓝绿色	Blue green
15	青绿色	Turquoise
16	青味蓝	Greenish blue
17	蓝色	Blue
18	青色	Cyan
19	紫蓝色	Purplish blue
20	青紫色	Violet
21	蓝紫色	Bluish purple
22	紫色	Purple
23	红味紫	Reddish purple
24	红紫色	Red purple

图1.26 PCCS的24色相

其色相环以红(R)黄(Y)蓝(B)为基本色，由红色和黄色产生间色橙(O)，黄色与蓝色产生间色绿(G)，蓝色与红色产生间色紫(P)，共同组成原色、间色六色相。六个色相当中，每两个色相分别再调出三个色相，组成24色色相环(见图1.28)。PCCS对色相制定出规则的统一名称和符号，将其中的红、橙、黄、绿、蓝、紫定义为正色，用单个大写字母表示；等量混色用并列的两个大写字母表示。以色相与色度两个概念组成不同的色调，该方法不仅便于理解色彩类别，而且非常方便记忆。

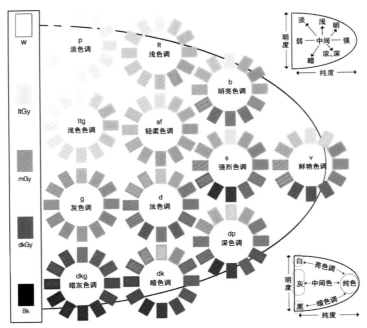

图1.27　PCCS色调图

图1.28　PCCS色相环

| 第 2 章 |

色彩的基本属性

在我们生活的周围，一般人对色彩的认识往往只停留在表层，也就是对红、黄、蓝、绿(色相部分)等较纯颜色的分辨。如果碰到淡一点的色就加一个"浅"字，重一点的色就加一个"深"字，而一旦遇到中间调的色就称之为"旧"。这种对色彩的简单认识，对要进入美术专业学习的人来讲是远远不够的。产生这种现象的原因，就是对色彩原理不够理解。为了走进神秘、丰富的色彩世界，掌握色彩的基本原理，我们不妨借用色立体的结构原理，来说明构成色彩理论的三大基本要素色相、明度、纯度和三者之间的关系。

为阐述方便，我们先弄懂有关概念。

色相，是色彩最明显的特征，指色彩的相貌，一般用色相环来表示。通常的色相环有12色、20色、24色和100色；

明度，指色彩的明亮程度，一般用明度阶来表示；

纯度，指色彩的纯净程度，可以用纯度阶来表示。

有了识别这三种色彩要素的能力，你就初步掌握了色彩变化的规律，无形中开阔了自己的色域，使你认识色的能力不只停留在表层，而是走上科学地识别色彩、理解色彩的专业化道路。

2.1　色相与色相对比

色相是用于区别色彩的名称。从光谱上可以清晰地分辨出红、橙、黄、绿、蓝、紫等基本色相，但在各色相之间，还存在无数个渐进性变化的色相。为了更加方便地理解光谱中依次排列的各色相的位置与变化，将光谱首尾连接，排列成环形，就形成了色相环。在色相环中，距离较近的颜色的色相差较小，称之为类似色或邻近色；距离较远的颜色的色相差较大，称之为对比色。

2.1.1　色相

约翰·伊顿认为从科学的角度认识色彩非常重要："如果你能在不知不觉中创作出色彩的杰作，你就不需要学习相关理论；但是，如果你不能自发地创作，你就应当去寻求色彩的知识。"他以红、黄、蓝为原色，按照可见光谱的排列方式制作出"十二色相环"(见图2.1)，伊顿十二色相环是由原色、二次色(间色)和三次色(复色)组合而成的。

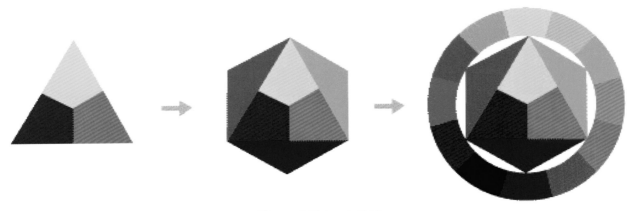

图2.1　伊顿十二色相环

从伊顿色相环来看，将色相环的等边三角形中的红、黄、蓝三原色视为一次色；接着将三原色中相邻的两个颜色等量相加调配可产生橙色、绿色、紫色三色，此为二次色(间色)；最后，将一次色与二次色中相邻的颜色再度以等量互调，可调出此相邻两色的中间色，也就是三次色(复色)，如此便有了十二色，也就形成了伊顿色相环。

在色彩的基本要素中，我们对于色相的感知是最直观的。在理解色相时，首先我们要认识色彩三原色的红、黄、蓝三色，所有色彩都是由这三种原色相调和而成的，这是瑞士设计师约翰·伊顿所提出的理论。

1. 三原色

色彩三原色，即一次色，如下。

红：不带蓝味也不带黄味的红色。

黄：不带绿味也不带红味的黄色。

蓝：不带绿味也不带红味的蓝色。

2. 间色

由任意两个原色混合后的色称为间色，即二次色。三原色可以调出三个间色。它们的配合如下：

红+黄=橙

黄+蓝=绿

蓝+红=紫

以上原色色相混合所得的橙、绿、紫就是我们所说的间色。

3. 复色

由一种间色和另一种原色混合而成的色称为复色，即三次色。复色的配合如下：

黄+橙=黄橙

红+橙=红橙

红+紫=红紫

蓝+紫=蓝紫

蓝+绿=蓝绿

黄+绿=黄绿

所得六种复色为黄橙、红橙、红紫、蓝紫、蓝绿、黄绿。

这样由原色、间色、复色组成了一个有规律的包含12种色相的色相环，如同彩虹的接续，在这个色相环中，每一种色相都有它自己相应的确定位置。

图2.2　伊顿十二色相环

2.1.2 色相对比

因色相的差别，色彩对比关系被称为色相对比。同样色调的颜色，加大色相差就能增强对比。色相对比是一种相对单纯的色彩对比关系，可获得鲜明、亮丽的视觉效果。一般来讲，色相对比可借色相环做辅助说明，根据色相环中各色相的排列顺序，我们把色相对比归纳成五种，以说明它的对比规律和视觉效果，这五个方面分别是同类色对比、邻近色对比、类似色对比、对比色对比、互补色对比。在进行色彩搭配时，只要了解了这五种色相对比的特质，就可使色彩应用更为丰富、多变(见图2.3)。

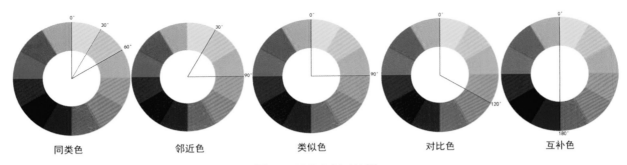

| 同类色 | 邻近色 | 类似色 | 对比色 | 互补色 |

图2.3　五种色相对比图

1. 同类色对比

同类色是指极为和谐、单纯的色组，如柠黄和黄绿。

色相属性具有同一性，在色相环上位置十分接近，色相环中夹角小于60°的颜色都可以归纳为同类色。在对比关系上也就是一种色与相邻的另一种色的对比，因为两者相距非常近，故色中的同种因素多，产生的对比效果就弱，在色彩学中被称为同一色相对比，同一个色相随着明度的变化，或纯度的不同，可产生不同的色彩，这些色彩均属于同一色系。从视觉的角度讲也可以称为弱对比。同色系的色彩搭配手法很常见，可展现色彩协调性，也被认为是最安全的配色法。从色相命名的角度来界定，一般同类色改变的都是前面的修饰语：例如大红与朱红、朱红与橘红、湖蓝与钴蓝、钴蓝与深蓝等。如图2.4所示，同类色大红与朱红色之间体现出最简单的色相关系，

相对柔和、含蓄。如图2.5所示，同一色相的明度、纯度变化与同类色搭配效果很相近。

图2.4　同类色对比

图2.5 同类色搭配

2. 邻近色对比

邻近色是指色调统一、感情特征一致的色组，如图2.6中的柠黄和橘红。

图2.6 邻近色搭配

邻近色的对比在色相环上的反映是以相邻的两组颜色群的对比关系确定的。在色相环中指定一色相为主要色彩，而其左右两边的邻近色彩均可称为此色彩的邻近色。例如：黄色两侧的黄橘色与黄绿色就属于邻近色。邻近色配色效果除和谐外，色彩的变化较同色系更为丰富。邻近色的对比在色相环上所占的角度由于各色相变化的缘故而显得比例不同。如黄色域和橙色域的对比关系主要是在小于90°角、大于30°角的色群范围内进行，而其他如黄与绿、橙与红、红与紫、紫与蓝之间的色相对比，其色域都相对较大。邻近色相对比中的色彩效果运用于设计领域的机会更多，原因在于这一对比类型之中的色彩系列属于中和状态。

3. 类似色对比

类似色是色调柔和、统一又生动的色组，如图2.7中的柠黄和淡绿。

类似色是指在色相环上的夹角为90°左右的颜色。所谓"类似"，包含了两者之间存在共性的意思。在颜色系统中，类似色对比不属于十分同类，但又不存在十分尖锐对比状态下的色彩对比类型。例如，红与橙(都含有红)、黄与橙(都含有黄)、黄与绿(都含有黄)、蓝与紫(都含有蓝)、红与紫(都含有红)的对比等这一类色彩对比视觉效应都属于类似色对比范畴。就对比而言，它们的对比关系被称为类似色对比，从视觉的角度讲属于中弱对比。比较同类色对比，它显得统一中有变化，变化中不失和谐。类似色对比要想获得理想的色彩美感还需要明度和纯度的变化作为辅助，否则会显得单调；如果将类似色中的某一色作为主色，再配置小块的对比色作为点缀色，就能给色彩增添变化。例如，绿蓝相配，绿色为主色调，就可以在其中加一点红色，达到激活画面色彩的表现目的。

图2.7　类似色搭配

4. 对比色对比

对比色是指色相感鲜明、活泼又醒目的色组，如图2.8中的蓝色和大红、紫色和绿色。

对比色的两色在色相环上相距较远，两色之间的共同因素相对减少，在色相环上的距离在120°左右，色彩之间的冲突又加深了一步。三原色之间即对比色关系，三种二次色橙、绿、紫也属于此类。对比色组合视觉冲突强，效果鲜亮、强烈，画面显得积极、明快，也称为中强对比。

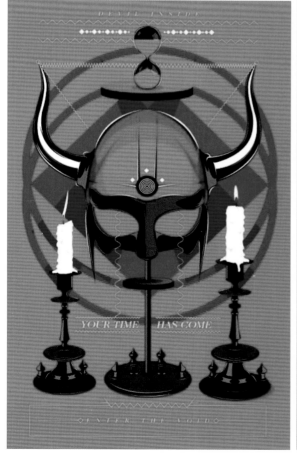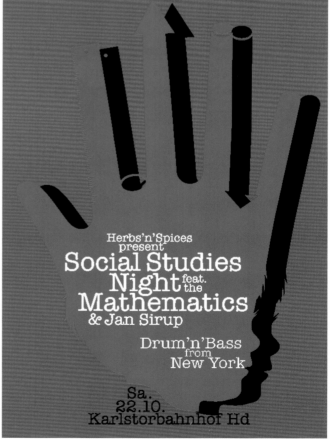

图2.8 对比色搭配

5. 互补色对比

互补色是指富于刺激性、不安全感，有极强的视觉冲击力的色组，如图2.9中的红色和绿色，红与绿的反差是补色中最强的。

互补色对比中的两色在色相环直径的两端，色距最远，相距180°，是完全对立的关系。例如，红色的互补色为绿色，而紫色的互补色则为黄色。互补色配色可创造活泼、鲜明的视觉效果，展现较大的画面张力。互补色对比在色彩学中称为互补色相对比，就视觉效果来讲是强对比，对比关系是最强烈、最富刺激性的，甚至伴有视觉上的排斥感。原则上，互补色应尽量避免同时出现在画面中，它们很容易产生幼稚、原始、粗俗、不安定等感觉。

图2.9　互补色搭配

色彩中的色相对比既是一种色彩对比类型，又是一个重要的色彩研究课题。当色相中包含了明度的变化时，色相对比就会出现大量新的表现价值；如果再使面积上有所变化，那么色相的变化就显得无穷无尽了。当单一的色彩被白色或者黑色隔开时，其色相的个性特征会变得尤为突出，而被隔开的色相之间的影响在某种程度上会受到一定的压制。

在人类设计史上，色相对比成为色彩表现中最具有绝对意义的色彩对比现象。原始时代的色彩运用便是以单色并置的方式来显示色相的对比。其对比中的鲜明、稳定的色彩效果显示出原始人对色彩生命力的崇拜。中世纪"哥特式"建筑窗户上的彩色玻璃在光的照耀下发出多色光芒，十分典型地证明了色相对比在设计表现中的灵活运用。

从上述情况看，色相对比包含的内容十分丰富。色相对比是多种颜色相聚之下显得最为简洁明了的色彩对比类型。熟练掌握色相对比的方法会为每个初学色彩者今后运用纯色设计打下坚实的基础，并能使初学者从中感悟、体验到色相之间的无穷变化和强烈的表现力。

2.2 明度与明度对比

在色彩三属性中，人们的眼睛对明度最为敏感，色相与纯度次之。色相与纯度是只有彩色才具有的属性，而明度则是无彩色与有彩色所共有的属性。明度差异较小时，没有明显的颜色差，给人以柔和朴素的感受；明度差异较大时，会产生明显的颜色差，对比强烈，富有生动感。

2.2.1 明度

明度，指色彩的明暗或深浅程度，一般用明度阶来表示(见图2.10)。以无彩色来说，白色明度最高，黑色明度最低，而中间灰阶部分的明度则以加入的黑色成分的多少来改变，黑色递增时明度递减，也就是颜色越深明度越低。在有彩色部分，同样地，一个色彩混入白色可提高明度，混入黑色则降低明度。任何颜色都有相应的明度值，在色调图上越往上的色彩明度越高，反之则越低。但是不同色彩本身也有明度差异，在光谱色中黄色明度最高，紫色明度最低。

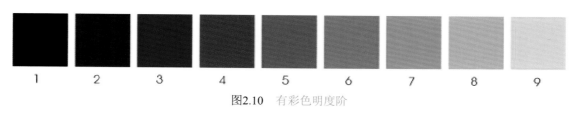

图2.10　有彩色明度阶

将在色调图上的两个颜色上下距离增大，明度差也就相应增加了。

同为纯色，不同的色相，明度也不相同。例如，黄色的明度接近白色，紫色的明度接近黑色。如果在深色背景前搭配纯色家具，要注意色相的明度层级，避免明度太接近。明度较高的纯色，在深色背景前显得很突出，主角十分明确。

2.2.2 明度对比

明度对比是指色彩之间明暗层次变化的对比，它也是由光照射到物体上产生的反射率因素构成的对比关系。色彩明度关系有两个方面的含义：

(1) 色彩自身的明暗关系(不加黑、白色)。

(2) 色彩混入黑、白色后所产生的明暗关系。

前者在色与色之间会自然形成明度上的对比差异，如黄色自身就具有高明度的特性，红色和蓝色具有偏深的明度属性。颜色本身之间存在不同明度的差异，使得色彩对人的视觉产生多重性的对比效果。对于第二种含义而言，它在色立体中成为整个颜色系统的核心部分，并由它与其他色彩属性构成色系的配比，从而使得色相在明度变化中能够更有效地拓宽自己的色域。也就是将色彩混入黑、白色后所产生的明暗现象进行组合、搭配，使之产生不同的视觉效果(见图2.11)。

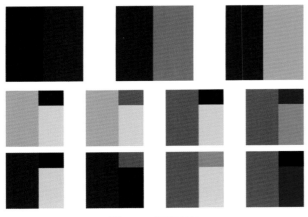

图2.11　明度对比

把明暗区域的变化作为有彩色对比的基础，由此可以构成以明度变化为决定因素的丰富色彩调式。明度对比的强弱决定于色彩明度差别跨度的大小。

短调：相差3级以内的明度弱对比，具有含蓄、朦胧的感觉。

中调：相差4到5级的明度中对比，具有明确、爽快、清晰的感觉。

长调：相差7级以上的明度强对比，具有强烈、刺激、跳跃的感觉。

从黑到白中间增加的9个均匀过渡的灰度阶段，被称为无彩色明度尺(见图2.12)。明度是色彩的明暗差别，也即深浅层次差别，色彩的明度配合是配色美的主要因素，只有适度的明度对比才会带来调和感。配色中的明度感可从高低调子、明度差及综合因素来考虑。

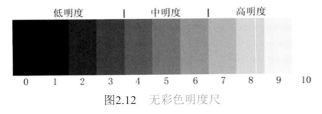

图2.12　无彩色明度尺

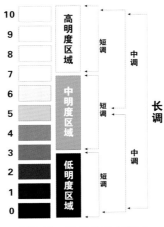

图2.13　明度最基本调子

去除明度尺的上下两端白10和黑0，其余9个阶段分成三个基调：1、2、3低明度基调；4、5、6中明度基调；7、8、9高明度基调。这三大区域的明暗色调带给人的心理感受显然不同，由此构成产生色彩调性的基础。明暗调性配合色彩产生的对比会使人的心理感受产生亮暗、轻重、刚柔等特性(见图2.13)。

0—3级暗色组成低明度基调，具有沉静、厚重、钝闷的感觉。

4—6级中明色组成中明度基调，具有柔和、稳定、高雅的感觉。

7—9级亮色组成高明度基调，具有明快、华丽、清朗的感觉。

低、中、高基调和短、中、长调6个因素可以组合成许许多多明度对比的调子。

高长调：8、9、1，积极、明快、强烈、清晰的层次感；

高短调：8、9、5，轻柔、淡雅、温柔、纤弱的效果；

中长调：5、9、1，强壮；

中短调：5、7、3，沉闷；

低长调：2、9、1，威严；

低短调：2、5、1，忧郁；

中高短调：5、9、7，希望、柔软、温润的层次感；

中低短调：5、3、1，低沉。

明度九调的示例如图2.14所示。

明度九调原理带给我们许多启示，例如，可以使用多种色相接近的颜色组成画面，然后拉开其明度差距，在这种情况下明度与色相之间就存在"对比与统一"的关系。图2.14中的案例色相对比都很弱，但因明度的不同而产生丰富的变化。反之，如果要缓和色相(特别是互补色)之间的矛盾，也可以将色相间的明度进行统一，从而达到协调的效果。

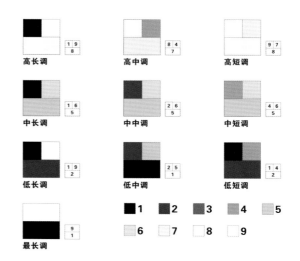

图2.14　明度九调

2.3　纯度与纯度对比

纯度是表示颜色鲜浊程度的属性。在色立体中，距离无彩色轴越近，纯度就越低，反之纯度就越高。纯度表示有彩色的纯粹程度。无彩色包括能够反射大部分光线的白色、能够吸收大部分光线的黑色以及白色与黑色混合而成的灰色，只有表示明暗程度的明度这一种属性，没有色相与纯度的属性。 白、黑和灰之外的颜色叫作有彩色。也就是说，除纯粹的无彩色之外，凡是带有色彩的颜色都是有彩色。有彩色具有色相、明度和纯度三种属性。

2.3.1　纯度

纯度，指色彩中包含的单种标准色成分的多少，即色彩的鲜艳程度、纯净度，又称饱和度、色度，可以用纯度阶来表示。举例来说，色谱中三原色的纯度最高，其次是间色橙、绿、紫(二次色)，继续混合得到的复色，其纯度就更低了。而三原色中红色的纯度最高，因为它是可见光谱中波长值最高的颜色；色相环中深绿色的纯度相对最低。纯度在配色中具有强调主题、制造多种效果的作用，与两色之间的纯度差异所产生的配色方式和明度的关系基本类似。鲜艳度越高则颜色的纯度越高，反之，在一种纯色中加入白色、灰色或黑色则会降低色彩纯度。与明度不同的是，无彩色系没有纯度值，色彩中无论是加入白色还是黑色，都会让纯度降低(见图2.15)。结合上节的内容我们总结出纯度与明度的关系：加入黑色，明度降低、纯度降低；加入白色，明度升高，纯度仍然降低；加入相同明度的灰色，明度不变，纯度降低(见图2.15和图2.16)。

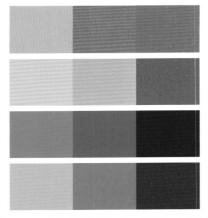

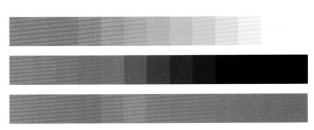

图2.15 改变色彩的明度，纯度一定降低　　　　　　　　图2.16 纯度与明度的关系

将一个纯色与同明度的无彩灰色的相等差按比例混合，可建立一个 9 等级纯度色系，1为灰，9为最纯(见图2.17)。

图2.17 纯度阶

2.3.2 纯度对比

纯度对比也叫色彩饱和度的对比(见图2.18)。我们将纯度对比放到色立体中进行理解，这样一个纯色与中心轴的明度级差产生的对比关系可以通过三个基调显示出来(见图2.19)。

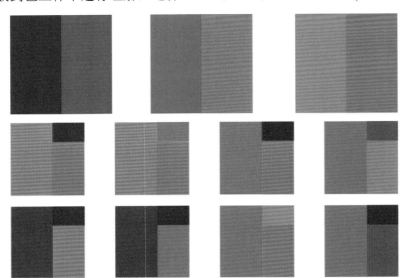

图2.18 纯度对比

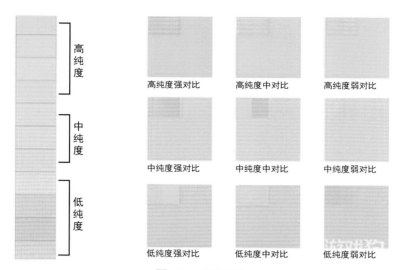

图2.19　纯度对比

低纯度基调：由1—3级低纯度色构成，产生脏浊、无力的感觉。

中纯度基调：由4—6级中纯度色构成，产生温和、柔软、沉静的感觉。

高纯度基调：由7—9级高纯度色构成，产生强烈、鲜艳、明丽的感觉。

纯度对比的强弱决定着色彩纯度差别的大小，我们可以将其分成纯度弱对比、纯度中对比、纯度强对比三种情况，并由此延伸出以下九种对比关系(见图2.20)：

高强对比：8、9、1，响亮；

高中对比：8、9、5，强烈；

高弱对比：8、9、7，优雅；

中强对比：5、9、1，强壮；

中中对比：5、7、3，忠实；

中弱对比：5、6、4，轻盈；

低强对比：2、9、1，自然；

低中对比：2、6、1，平淡；

低弱对比：1、3、2，柔和。

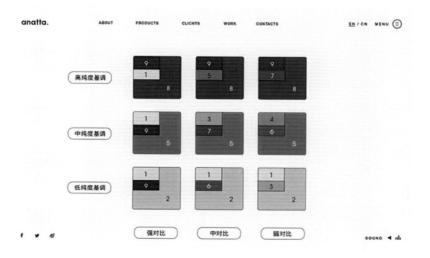

图2.20　纯度对比强弱

从色彩对比的本质意义上看，色彩的纯度对比就是把各种单色纳入和谐的视觉中去，所以在众多色彩对比中纯度对比拥有最明显的色彩秩序。

综上所述，色彩三属性相互影响、相互渗透。以黄、紫这对补色为例，二者之所以在色相对比上属于极端对比，是因为黄色不仅明度值是色谱中最高的，而且纯度也最高(三原色之一)；紫色无论明度、纯度都很低。图2.21所示的马蒂斯的作品《舞蹈》，运用了橙、蓝补色，强烈的纯色体现出原始的狂野。当然，色彩的对比关系还牵扯到三属性之外的诸多因素，比如色彩的面积、形状、肌理、心理习惯等。掌握色彩的对比规律，才能在今后的设计实践中使色彩符合设计作品要表达的主题。

图2.21　《舞蹈》，马蒂斯，1910年

| 第 3 章 |

色彩心理学

色彩不仅仅是一种视觉信息，还是一种传播情感的有效途径。表达情感是色彩的一大特性，可以给人一种很生动的视觉印象。根据色彩心理学、物理学的研究结果所提出的人们对色彩的心理效果规律，为我们分析人们对室内环境色彩的感受提供了科学依据。色彩能够引起人们的联想与回忆，从而达到唤起人们情感的目的。

3.1 形态与色彩的关系

色彩自古就被赋予了与之匹配的形体关系,研究找到色彩对应的形式形状,赋予色彩本应有的色彩意向,是塑造良好色彩构图与空间关系的关键。在色彩的搭配中,色彩和形状的力量是相辅相成的。如同色彩的三原色红、黄、蓝一样,矩形、三角形和圆形是最为基础的形状。

3.1.1 色彩与形态

有史以来,色彩在人类艺术设计中的运用最为普遍,在普遍运用色彩的过程中,色彩与形态有着密不可分的联系,无论是原始洞穴中的壁画,还是原始彩陶上的装饰,都把色彩与形态做了最贴切的结合,使色彩的感觉与线条的理性以一种最打动人心的视觉整体力量而存在着。马蒂斯有过这样的论述:"如果线条是诉诸于心灵的,色彩是诉诸于感觉的,那你就应该先画线条,等到心灵得到磨炼之后,它才能把色彩引向一条合乎理性的道路。"可见,一切视觉表象都是由形态和色彩紧密地联系在一起而呈现其效果的。在造型艺术中,轮廓成为界定形态的因素,即使以线条为主的作品,我们也能通过对线条的封闭而识别形态的美感。然而,当色彩呈现于其中时,形态由于色彩的面积限度而与色彩并存,当背景色与色彩的明度极为接近时,仍然可以发现色彩与形态的并存关系(见图3.1)。由此不难理解,在通常情况下,色彩和形态是不可分割的统一体。

图3.1 色彩与形态的并存关系

我们知道，在自然界的一切现象中，没有哪一种色彩不是附着于一定的形状之上的，我们常见的太阳、月亮、星星、树木、山川、沙石等，无一不是处于形态轮廓范围之内。这些自然的形态对色彩现象的限定，为人类用色彩进行造型活动提供了丰富的视觉元素。色彩与形态的不可分割性在人类的设计史上产生的意义告诉我们，对于色彩概念的理解不能仅仅停留在色彩现象本身上，具体说来，在关注色彩的时候，不能不注意到形态对色彩的反作用；反之，在用心以形态进行造型的时候，也不能忘记让色彩为之增添魅力。

然而，色彩与形态是两个不同的概念。在视觉设计中，形态往往被我们限定在理性的范围内。对于色彩，由于其更加具有视觉吸引力，因此常常被限定在情感的范围内。阿恩海姆说：“说到表情作用，色彩却又胜过形状一筹，那落日的余晖，以及地中海的碧蓝色彩所传达的表情，恐怕是任何确定的形状都望尘莫及的。”

在人类色彩发展的整个过程中，由于人对色彩的认知处于不同的发展阶段，使得色彩与形态之间的联系也不可能以一种方式出现。也就是说，色彩、形态并存的视觉方式是不可能一样的。例如，在原始的色彩表现阶段，那种自发而本能的色彩呈现使色彩在视觉感知上显得尤为突出，这时，形态必然不及色彩的地位。现代色彩在不断发展的过程中，与形态的联系使色彩的地位变得更高，以至于色彩被艺术家们作为强有力的视觉符号而用来自由自在地表达自己生命的激情。这时，色彩所呈现的视觉效果足以使形状的魅力大大削弱。事实上，当我们具体地运用色彩时，有时十分着重于形态的突出，而有时需要把色彩从画面上提升到最强烈的位置。色彩借助形态使自己得到更好的发挥。可以说色彩的美感价值在多数情况下并非全然在于自身，而在于色彩与形态的最佳配合。有机结合的色彩与形态更加能够直接作用于人的视觉。

色彩与形态的关系在艺术家的心理上反映出来的多变性造成了色彩表现效果上的非静止状态，即色彩所构成的每一个部分总是在相互联系中表现出不同的方向性和张力感，而这种方向性和张力感不仅使色彩具有图形幻觉特征和整体形势的审美感受，而且成为空间转换的重要方式。色彩与形态在画面上的分布随着构成方向得到冲突或平衡状态的变化必然导致画面结构模式的形成，正是这些结构模式使色彩和形态一同直接唤起我们心理上的情感运动，进而获得色彩和形态相互构成的美感需求。

讨论色彩与形态的关系，同样不能忽视光在其中所起的作用。如荷兰画家伦勃朗采取聚光式的明暗对比方式来揭示人物肖像的内心世界，在他的笔下，人物形象神态的显示在很大程度上是借助光对色彩与形态的特殊处理而获得的艺术效果(见图3.2)。此外英国画家约翰·康斯太勃尔善于用很小的色彩笔触表现树木和草地上闪动的光线。他的作品《从主教花园望见的索尔兹伯里大教堂》就是把光、色、形浓缩于一体的典型案例(见图3.3)。现代绘画和现代设计的发展更加促进了现代艺术家们主张表现心中的激情，色彩和形态的结合在他们的观念意识中以另外的视觉方式呈现，这些作品充满了具有想象性的色彩结构和闪烁不定的光感。

图3.2　《窗前少女(Girl at a Window)》，伦勃朗，1645年

图3.3　《从主教花园望见的索尔兹伯里大教堂》，约翰·康斯太勃尔

第3章 色彩心理学

3.1.2 色彩的形貌论

在本世纪初形成的物理—心理综合研究的时代背景下，德国心理学家考夫卡(1886—1941)将电磁学中"场"的概念引进心理学科，认为人本身就是一个"心理—物理场"，知觉也是一个物。这一学派认为，色彩的形态与动感可由其自身语言所唤起的鉴赏者大脑皮层中的场效应所引起，而并非总是依附一定的形并静态地存在着。以"力"的概念来解释色彩，以"方向性张力"并借助幻觉来阐述他们认为是静态—动态的色彩关系，分析出不同的色自身特有的形态感，即色彩的形貌论。

这一观点中最具代表性的是瑞士色彩学家约翰·伊顿的见解。约翰·伊顿作品如图3.4所示。

红色——正方形，红色的强烈、充实与正方形的直角所显示的庄重、安定感相关联。

黄色——三角形，黄色的敏锐、活跃与三角形所显示的进取、锐利感相关联。

蓝色——圆形，蓝色的轻快、柔和与圆形所显示的移动、流畅感相关联。

橙色——长方形，橙色的跳跃、积极与长方形的直线感觉相关联。

绿色——六边形，绿色的自然与六边形的钝角感觉相关联。

紫色——椭圆形，紫色的微弱、纤细与椭圆形的无角感觉相关联。

在色彩具有自身"力"的基本规律认识中，康定斯基也有着深入的研究，他认为黄色的"力"是离心的，青色的"力"是向心的，而红色的"力"是稳定的；又认为色彩所具有的"力"，也可以用一定的线从多种角度来表示，黑和青是水平线，白和黄是垂直线，灰、绿、红是斜线，并可以按照各色相自身的"力"的形貌感，扩展成不同的角度来表现色彩性格。伊顿同时更扩展了色彩形貌的表现力，他提出，黄色的三角形象征着辐射与思想，青色的运动感是精神的体现，而红色的正方形象征着稳定、静止的事物。

色彩形貌论否定了人的感觉经验的联想、移情作用，并脱离视、触、嗅、味、听五官感觉，去寻找另一种知觉因素，是对已知知觉经验的超越，只是还有待于科学手段的深入论证。在设计实践中，色彩对形的影响很大，如把三角形分别涂红、涂黄与涂蓝，所显示的色彩表情完全不一样。某些色彩涂在某些形上，可能会抹杀色彩本身的价值感，而涂在另一种形上，则可能反而被强调。这类效果是需要反复比较与试验的。

图3.4　约翰·伊顿色彩作品

41

3.2　色彩的视觉心理

　　色彩心理指那些发生在人的内心世界、对色彩审美价值进行判断的色彩现象和色彩表达方式。色彩心理的核心内容主要维系在人的主观判断之中，是与色彩的物理层面相对而言的，如颜色的轻重、远近、冷暖、胀缩等都是人的主观赋予色彩的感受。不同的颜色能使人的视觉产生兴奋感或安静感，并引起相应的情绪反应。因此，色彩的心理功能实际上是由生理反应与心理判断并通过联想或想象的共同作用而表现出来的。同时，每个人的生活经历、性别、年龄、职业、民族、文化、心理结构等不同，对于色彩的偏好与情感寄托也会有所差异，这就形成了色彩心理学。

　　不同的年龄有着不同的心理色彩的向往和追求。儿童大多喜欢鲜明的颜色，他们对知觉度、兴奋感强的颜色首先产生兴趣；女青年比男青年更喜欢红、粉色系这类暖色；而大部分老年人则喜欢素雅的色彩，这和他们的人生经历以及内心的平和相关。人的不同经历也会影响他们对色彩的不同选择标准，例如，生活在海边的人认为大海和天空的碧蓝色是神圣的颜色；而生活在乡村的人认为绿色是生命的色彩(见图3.5)。人的内心对色彩的爱好会随着年龄和经历的变化而变化，而社会、历史的变迁也会逐渐改变一个人的心理色彩状态。

图3.5　疗愈空间 (作者：孙琪)

　　从性格和情绪上看，不同性格和情绪的人心理色彩差别也十分明显。例如，情感型的人往往喜欢明亮、鲜艳、刺激性很强的色彩系列；而理智型的人对颜色常常缺乏好恶感，对色彩没有明显的偏好。一般情况下，性格开朗的人喜欢暖性的、明快艳丽的颜色；而沉静的人会偏爱中性色或冷色。人的性格差异对色彩的喜好差异的影响特别明显。尤其是处于不同情绪支配下的人对色彩的反映更是不同。如烦躁时看强烈而刺激的颜色会深感不安，若换成温和的冷色则会促使其平静。

色彩心理在中国文化中表现尤为突出。中国传统色彩的物色体系把红、黄、青、白、黑看作正色，反映出中华民族心理色彩的文化内涵。例如，中国古代太极图形上的黑白二色超出了颜色本身的视觉内容而变成了一种特定的文化内涵。又如，黄色是中国人的肤色，黄色在中国文化中既是大地之色，又是中国古代十分崇尚的"中和"之色。自汉代以后，黄色还是历代皇室的专用色，是皇权的象征(见图3.6)。

图3.6　《乾隆皇帝大阅图》轴　清 郎世宁

中国传统的心理色彩，早在几千年前就采用五色体系来象征不同的方位，并配以不同的图案，如：青龙为东、白虎为西、朱雀为南、玄武为北、中央天子为黄。由于特定的颜色与特定的心理需求联系在一起，因此，以各种颜色作为区分等级的标志成为现实。中国传统色彩的等级观念在漫长的封建社会得到继承和延伸。尤其是起始于隋代的"品服"制在以后各朝代基本被沿袭，如三品以上服紫色，四品、五品服绯色，六品、七品服绿色，八品、九品服青色，普通民众穿白衣、青衣。

心理色彩在古老的中华民族远远超越了视觉色彩本身，在艺术表现中更是如此。在绘画方面的用色所强调的并非属于物象的本来色相，而是更多地出于联想或者利用象征的手法来满足心理需求。这种以象征性作为精神支撑的心理色彩在中国古代文化艺术中几乎到了根深蒂固的地步，如中国戏曲人物的服装色彩需要按照不同等级来设置，脸谱化妆所用的颜色也相当讲究，比如红色代表忠义、黑色代表刚直勇敢、黄色代表暴虐、金银色代表神仙鬼怪。

在艺术领域，色彩心理不是孤立的色彩现象，它还需要以物理色彩为基础。色彩心理学是承载人的内心世界的最具表现力的视觉符号。

3.2.1 色彩与心理的联系

在自然界中，色彩的色相呈现会因为不同的光照效果、事物形态及区域环境等而有所差异，这也就说明色彩是灵活多变的，无论是有彩色抑或是无彩色，都具有各自鲜明的表情特征，它们通过不同色彩情感的传递，让人们感知着周围环境的美好与多姿。

由于各种色彩自身具有不同的情感特征与内在含义，因此色彩能够从不同方面给人们造成心理刺激，引发人们的情绪反应，这就是关于色彩的心理效应。色彩作为第一视觉语言，直接刺激着人们的视觉器官，以最为直观的方式触发人们的心理反应，起到传递信息、传播情感的重要作用。色彩不同的象征意义使其能够代替文字语言，通过刺激视觉神经引发人们对色彩信号的关注，让色彩不再只是简单的装饰元素，同时也是传递情感的关键。如图3.7所示，明度与纯度都较低的色彩能够营造出充满深重、浑厚之感的画面氛围。

图3.7　会议室　（作者：刘帅帅）

色彩与心理的联系是通过人们的意识反应来实现的。在色彩对人眼造成刺激时，视觉神经会将色彩的直观信息传递至大脑中枢神经，让人们认识到色彩的存在，再由物理系统感知特征和分析处理数据。从心理学角度而言，意识就是人类所特有的、对客观存在的现实做出高级心理反应的形式。

1. 自发意识

意识是人们在认知事物的过程中产生的自我精神活动，意识的活动其实就是人类生命的本质反应。由于对某种特定事物的偏爱或向往，人们会本能地产生一种发自内心的欲求动机，这就是心理学中常说的自发意识。自发意识直接来源于人们的心底深处，会使人们在不知不觉的情况下对某些色彩产生喜爱，进而触发心理活动。

2. 非自发意识

非自发意识，指的自然是与自发意识相反的人类精神活动。非自发意识即人类的精神活动与心理反应是由周围的客观因素引起的，并不直接来自人们自身的潜意识反应。因此，利用外在事物的色彩搭配来使画面具有强烈视觉冲击力，则有利于引起人们的关注。

非自发意识是由于外界刺激而产生的心理反应，与外在事物的色彩特征有着直观且必然的联系。色彩在不同的环境中具有不同的色相，而不同的色彩搭配又能形成众多独具特色的画面风格。在视觉艺术中，有效利用色彩的强弱刺激，引发人们非自发的意识反应，有利于提升色彩的感染力，增强设计作品的传播力。

3.2.2　色彩的联想与想象

在大自然神奇的变化过程中，人类体会到了色彩在生活中的重要性。当各种色彩的纯度和明度发生改变时，色彩所具有的意向特征也会随之转变。因此，利用千变万化的色彩表情，可以触发人们产生丰富的想象。

色彩的联想与想象是由物质本身的颜色特征所引发的，通过色彩在人们意识中的存留印象使人们在看到色彩的同时产生情绪感受，是一种能够引发人们复杂心理活动过程的大脑意识反应。例如，当人们想到西红柿时，会认为西红柿是红色的，其实除红色以外，西红柿还含有黄色、绿色成分，只不过大部分是红色成分，因而头脑中的印象为红色。对于客观事物的形状和色彩而言，在感受色彩微妙变化的同时，色彩的联想与想象有利于发掘灵感、引起情感的爆发，从而使人们对事物产生深刻的印象，而且这样的想象力又是具有神秘特色的，需要不断发散、开拓人们

的思维，寻求思想的解放，才能更为全面地体会到色彩具有的各种意义，引起情绪上的共鸣。

在色彩审美活动中，由于人这一审美主体的感情因素作用，审美判断的结论总是使无生命的色彩披上种种感情的外衣，形成了对色彩好恶感的情感倾向。人对色彩的爱好与否受到诸多因素的影响。美国色彩学家契斯金认为制约色彩爱好的因素有：个人的爱好(占20%)，自我与环境的调和(占40%)，追随流行(占40%)。

对色彩的好恶度，因性别、年龄、职业的不同而差别极大，不同地区与民族的差异就更大，即使在同一类人中也往往会得出相反的结论。用实验心理学的调查测试方法，可得出对色彩好恶度的具体结论。据美国学者在大学生中的调查，爱好度高的是绿至青范围的色相，黄色色相范围的爱好度最低。明度与纯度则是越高越受欢迎。据日本色彩研究所对800名成年人的调查，成年

男性喜爱绿、蓝、青系列的颜色，而女性喜爱黑、青紫、紫、紫红、红系列的颜色。据日本学者对1400人所做的色彩调查，还得出如下结论：男性喜爱冷色系而厌恶暖色系；女性喜爱暖色系中的紫红至红和冷色系的绿至青，厌恶其中间的黄橙至黄绿色相；明度越高的色越受欢迎，但纯度则以高、中纯度为好。低年龄者喜爱纯色而讨厌浊色，高年龄者喜爱浊色而讨厌纯色，青年人喜爱纯色，但不讨厌浊色。

但综合一些调查资料仍可看出一些共性的倾向。一般认为，受人喜爱的大多是活泼、明快的色彩，纯色比浊色喜好率高，明色比暗色喜好率高，单纯色比复杂色喜好率高。男性爱好冷色、低明度色，女性爱好暖色、高明度色。从年轻至年老者对色彩的爱好则由暖色倾向冷色，由亮色转为暗色，由高纯度变为低纯度。爱好冷色系色相的人比爱好暖色系的多，爱好明亮色的人比爱好深暗色的多。对色彩的爱好除受个性因素影响外，也常随环境及时代潮流的变化而变化，如流行色即由社会文化背景、特定的时代思潮及经济生活结构变化所产生的群体性色彩爱好倾向。

在社会生活当中，对色彩的共性联想，约定为某种特定的内容，这种情况称为色彩的象征。色彩的象征通过历史、地理、宗教、社会制度、风俗习惯、文化意识、身份地位等显示出来，但是这种象征的内涵在各个民族、人种之间是不同的，不能一概而论。

色彩的象征性，被广泛应用于社会信息标志上：

红色——表示防火、停止、禁止、高度危险；

橙色——表示危险，多用于航空、航海的保安设施；

黄色——表示注意，多用于建筑工地机械设施；

绿色——表示安全、卫生、前进，多用于邮政；

蓝色——表示戒备；

红紫色——表示放射能等。

在联想中有具体联想与抽象联想的区别，色彩的具体联想见表3.1；抽象联想见表3.2。这是对色彩联想调查后的综合结果。

表3.1　色彩的具体联想

色彩	年龄段(性别)			
	少年(男)	少年(女)	青年(男)	青年(女)
白	雪，白纸	雪，白兔	雪，白云	雪，砂糖
灰	老鼠，灰烬	老鼠，阴天	灰烬，混凝土	阴天，冬季天空
黑	木炭，夜间	毛发，木炭	夜间，黑伞	墨，煤烟
红	苹果，太阳	郁金香，衣服	红旗，血液	口红，红鞋
橙	橘子，柿子	橘子汁	橘子，砖	橘子，砖
褐	土，树干	土，巧克力	皮包，土	栗子，鞋
黄	香蕉，向日葵	菜花，蒲公英	月亮	柠檬，月亮
黄绿	草，竹	草，叶	嫩草，春天	嫩草，衣服
绿	树叶，山	草，草坪	树叶，蚊帐	草，毛线衫
蓝	天空，海洋	天空，水	海，秋季天空	海，湖
紫	葡萄，紫罗兰	葡萄，桔梗	裤子	茄子，藤花

表3.2　色彩的抽象联想

色彩	年龄段(性别)			
	青年(男)	青年(女)	老年(男)	老年(女)
白	清洁，神圣	干净，纯洁	洁白，纯真	洁白，神秘
灰	阴灰，绝望	阴气，忧郁	荒废，平凡	沉默，死灰
黑	死灰，刚健	悲哀，坚强	生命，严肃	阴气，冷淡
红	热情，革命	热情，危险	热烈，卑俗	热烈，幼稚
橙	焦躁，可怜	下品，温情	甜美，明朗	欢喜，华美
褐	涩味，古风	滋味，沉静	滋味，坚实	古风，朴素
黄	明快，泼辣	明快，希望	光明，明快	光明，明朗
黄绿	青春，平和	青春，新鲜	新鲜，跃动	新鲜，希望
绿	永恒，新鲜	平和，理想	深远，平和	希望，公平
蓝	无限，理想	永恒，理智	冷淡，薄情	平静，悠久
紫	高贵，古风	优雅，高贵	古风，优美	高贵，消极

在讨论色彩的联想与想象时，不能不涉及色彩的感情效果。这里的感情效果，并非由于色彩引起人们的强烈情绪，像喜怒哀乐那样。不论是外观色彩，还是室内设计采用的色彩，都是以色彩自身的性质所引起的感情来感染人的。因此，一般不宜夸大色彩感情效果对于人的影响。但是如果这种感情是色彩自身的性质所引起的且在长时间内环绕人们的视野，那么它对人们的情绪就不会没有影响。像室内色彩那样长时间引人注目的刺激，就能够支配人们持续性的积极的情绪，或者进一步加强由于其他事情而产生的某种情绪。在这种情况下，色彩的感情效应则属固有的本能，其感染力是不容忽视的。

3.3　色彩的联觉

人的色彩知觉与审美过程，是客观审美对象(物体色)与主观审美主体(人)的创造性思维活动相互作用、辩证统一的复杂心理活动。因此，车尔尼雪夫斯基曾指出："视觉不仅是眼睛的事情，谁都知道，理智的记忆和思考总是伴随着视觉。"色彩视觉效果是在视觉生理信息判断的基础上，由多渠道感觉信息的交叉、综合、联觉所产生的。而且色彩视觉的心理经验又因人而异，受到自身性别、年龄、职业、地区、民族及性格、素养、审美条件等多种复杂因素的影响。

人对色彩的生理反应往往是下意识的，是个别属性的反应，一般无须记忆与思辨，带有普遍性。对色彩的心理反应则是直接作用于感觉器官的客观事物在人脑中的整体性反应，是多种生理反应综合起来获得的，个性差异大而不带有普遍性。在实际生活与设计中又很少或很难将生理与心理反应分割开来。

现代视觉传达设计中存在着大量的心理功能性因素，而色彩设计，就是要多层次地利用色彩视觉心理因素，营造所需的功能性效果，传达设计中特有的信息，达到设计的目的(见图3.8和图3.9)。

图3.8　康斯太勃尔《威文荷公园》，埃塞克斯，1816年

图3.9　儿童模仿的康斯太勃尔的《威文荷公园》

　　色彩的联觉是指人自身几种感觉分析器官在色彩知觉过程中相互作用后引起的联想性感觉反应。正常人的眼睛，其锥体细胞在通常亮度下具有良好的色彩分辨功能，能够区分红、橙、黄、绿、蓝、靛、紫七色。色彩对视网膜刺激的生理感觉经验因素虽起着第一位的作用，但形成联觉结论的主导因素，却是思维活动的理性原因。作为近代实验美学学派的研究课题，色彩视觉心理的联觉因素相关研究也已具备大量例证与实验数据。

　　色彩的联觉可分为两大类型。

　　一类是着重从生理因素感觉经验出发的共性联觉。

　　一类是着重从心理因素与多种感受器的通感经验得出的联想。

3.3.1　色彩的一般联觉

　　色彩的一般联觉主要体现在错觉与幻觉和由此产生的直接联想上。由于人的视觉形象实质上只是大脑对外界物象色光刺激的感觉反应，需对物象及其周围陪衬的环境做出综合分析并加以正常修正后才能做出正确判断，一旦视觉判断和视知觉(正常修正)产生矛盾，便会产生错觉。实际不存在的现象看起来却存在，称为视幻觉(如光效应所产生的"转动感"和"色斑感"等)。

　　(1) 色彩的冷暖感。色彩的冷暖效应是色性所引起的条件反射，红、橙、黄等颜色会让人联想到火、太阳、热血等，有温暖的感觉；蓝、绿、紫等颜色会让人联想到海水、蓝天、冰雪等，有寒冷的感觉。色彩学家又将冷暖颜色做了如下联系。

　　冷色：阴影、透明、镇静、稀薄、淡、远、轻、女性、微弱、湿、理智、圆滑、曲线、缩小、流动、冷静等。

　　暖色：阳光、不透明、刺激、稠密、浓、近、重、男性、强烈、干、感性、方角、直线、扩大、稳定、热烈等。

　　实验表明色彩的冷暖感确有自然科学的数据作为依据，它是色彩设计中最活跃、效果最显著的联觉因素。当颜色被运用在空间时，冷暖色系也具备了改变空间温度与空间印象的能力，暖色系给人较为温暖、热情的情绪感受，冷色系则会让人对空间产生冰冷、理性的印象(见图3.10)。若能针对空间的功能、属性选择相应的色彩，空间氛围会更加符合人们的意愿。色彩搭配并非绝对，只要懂得利用周边色彩加以搭配，或利用明暗微调，改变颜色的原始印象，就能为室内空间创造出更多有趣的色彩变化。

图3.10　美术馆　(作者：李冬梅)

(2) 色彩的进退感。色彩进退感的产生，由人眼晶状体对色彩的成像调节所致，波长长的暖色在视网膜上形成内侧映像；波长短的冷色则形成外侧映像。同样距离放上不同色彩，有些色彩会特别鲜明，感觉距离较近，有些色彩则比较模糊，会有后退的感觉。这种由色彩造成的远近感差异的现象和由色度、面积等多种对比产生的错觉被分析归纳为前进色与后退色。

暖色、亮色、纯色有前进感，这类色彩多给人欢愉、温馨、富足或热烈的感受，常见于生机勃勃、能鼓舞人心的场合，也被称为积极色彩。这类色系在空间上运用时要特别注意比例上的分配，因为使用过多会让人情绪过于亢奋，无法在空间中久待。冷色、暗色、灰色有后退感，这类色彩具有稳定情绪的效果，给人冷静、平和的感受，被称为消极色彩，适度利用后退色，能营造出空间放大的效果。进退感的强度以色相排列依次为红、橙、黄、绿、紫、蓝(前进感由强至弱，后退感由弱至强)；以明度排列依次为黄、橙、红、绿、蓝、紫(前进感由强至弱，后退感由弱至强)。设计中注意进退感的运用可造成距离差别，获得有效的空间感与层次感。

(3) 色彩的胀缩感。色彩胀缩感的产生，缘于色光波长的长短、强弱与视网膜接收时产生的扩散性。同样面积的色块，有膨胀感的色彩显得较大，有收缩感的色彩显得较小。一般认为，暖色、亮色、纯色有膨胀感，冷色、暗灰色有收缩感，设计中应注意胀缩感产生的错视效果。尤其是当几个色块拼贴在一起形成对比时，颜色的胀缩感就显得更加强烈。在设计中为了达到视觉平衡，可以缩小或者扩大某些颜色的面积。例如奥运五环彩色标志(见图3.11)，五个色环给我们的感觉是同样粗细的，但仔细测量就会发现有出入。此外，法国国旗是由红、白、蓝三色并置而成的，原设计三色等大，但看上去反而不等量，白色最宽、蓝色最窄。后来将三色的宽度比例重新调整为红：白：蓝为33：30：37之后，才有平衡的感觉。生活中，穿深色衣服显瘦，穿浅色衣服显胖就是对色彩膨胀感与收缩感的运用。

图3.11　奥运五环

(4) 色彩的轻重感。色彩轻重感的产生有普遍性直觉和必然性联想两方面的原因。通常情况下，明度高的色会感觉轻，明度低的色会感觉重。色相由轻至重的次序为白、黄、橙、红、灰、绿、蓝、紫、黑。另外，色彩中的透明色轻，不透明色重。设计应调整色彩间的轻重感以保持平衡。

(5) 色彩的奋静感。奋静感与冷暖、进退、胀缩等感觉较为相似。暖色、高明度色、纯色对视网膜及脑神经刺激激强，引起生理机能的加剧，可产生兴奋感；相反，冷色、低明度色、灰色可引起沉静感。奋静感是取得色彩效果的有价值的可利用因素。

色彩感觉的强弱程度，又可理解为易见度与知觉度。它是色相、明度和色度对比的总反应，是色彩表现利用生理反应的一种重要因素。实践表明，各类色之间对比强的知觉度大，属性差异越大易见度越强，可见距离越远。色的大小、强度、持续时间、动态、位置及观者的心理状态等因素不同，易见度也会有所不同。同时，单个色相间的知觉度也存在着差别，明亮的色、纯度高的色、暖色与深暗的色、纯度低的色、冷色相比，后者具有较高的知觉度。

3.3.2 色彩的特殊联觉

色彩知觉的复杂性，在于除眼睛这一视觉生理分析器官的作用外，其他感觉分析器官(如耳、鼻、舌、皮肤等)的听觉、嗅觉、味觉、触觉等多种感觉总是综合地、交叉地相互作用，影响着人们的色彩感判断，发生着复杂的联觉思维活动。

(1) 色彩与听觉。人们常常形容优美的音乐具有色彩感，悦目的色彩具有音乐的节奏感。将听觉刺激与视觉刺激的程度相类比，听觉范畴的音乐中不同音阶就有视觉色彩感，或不同明度、色相的色彩就有听觉的音乐感。心理学家金斯伯格在实验报告中指出：随着钢琴声的低音到高音的变化，被测试者可引起色觉联想，与低音到高音的渐变音阶对应的色彩变化是黑—褐—深红—大红—深绿—蓝绿—青—灰—银灰。罗兹的心理实验表明，乐曲表达的音乐感情也可引起种种色彩的联想，他将庄重、有力、兴奋、悲哀等不同乐感的乐曲进行测试，联想结果为：庄重的—蓝紫，强有力的—紫，兴奋的—红紫与红，阴郁的—橙与黄橙，欢乐的—黄，舒畅的—黄绿，柔和的—绿与蓝绿，悲哀的—蓝。一般认为，柔和优美的抒情曲调可以使人联想到某种柔美的中性色调，节奏轻快的轻音乐可以使人联想到某种明艳的色调。印象主义音乐家德彪西(1862—1918)率先在听觉与视觉、音响与色彩的感觉转换上做了开拓性尝试。他的交响诗《大海》以音符组合、音乐对比的音乐手段，描绘了晨曦时由紫变蓝、红日东升的天空色彩，也刻画了中午阳光的色彩及蓝天白云的视觉形象。抽象主义画家、理论家康定斯基(1866—1944)十分强调色彩的音乐感，他认为明黄色像刺耳的喇叭声，浅蓝色像长笛的声音，深蓝色类似大提琴、管风琴的音色，

水银珠色像管乐器声和强烈的鼓声，茜红漆色像热情的女中音，橘黄色如沉稳的歌喉唱着长音，紫色则仿佛是木制乐器的声响。

上述"色听论"的观点，虽然至今还未形成十分令人信服的理论，但对现代色彩设计及流行色的影响却是不容忽视的。如曾流行过的"迪斯科色彩"，即迪斯科(disco)舞曲强烈节奏引起色彩联觉的多种纯色相组合的配色，是"色听论"的引申。在设计活动中，借助视觉与听觉的联想作用，以音乐语言命名颜色组合与色调，在色彩倾向的表述上拥有音乐性，而别具艺术魅力，更有利于人们记忆与信息传递，便于特定色调的流行。

古曲《汉宫秋月》的作者介绍作品音乐感表现时说，二胡独奏《汉宫秋月》是一首中国典型的传统民乐，整首曲子流露着一种哀伤的情感，它婉转流长，色彩单纯，含蓄静谧。欣赏它，能让人心平气和，倍感亲切。

摇滚是现代音乐的综合印象的表达，作者在叙述作品构思时说，乐曲中极为精到的配乐与混音加强了现代音乐的层次感和立体感，电子元素的加入更使其充满了神奇与变幻的丰富色彩，强烈的节奏感大大地增加了音乐色彩表现的跃动程度，这种刺激听觉的效应让听众的每一个细胞随着节拍的驱动而起飞，上升。由此构成作品着意用高纯度、强对比的节奏传达现代音乐给人带来的刺激与跃动感。

森巴舞曲的音乐感表现：飘摇的色块宛如舞动中舞女的草裙，那是迷离忧郁后的狂欢，让人那么地忘我，那么地热烈。乐曲的节奏启示了作者对作品中形与色的选择。

《Annie Mae》这首乐曲的综合感受：作者

以低沉忧郁的格调构成了深蓝色的主调，蓝色的线条道出了演唱者对生活和爱情的失落与迷茫，少许红与绿的交相辉映，流露出仅有的憧憬与希望，作品中隐约反射出杯子与酒瓶的形状，暗示着酒味的醇香，夜更长，情更浓。

斯特劳斯《雷电波尔卡》音乐作品的综合表现：全曲整体色调明亮，对比很强。画面上用高低错落的尖尖的金字塔形态表示乐曲中雷鸣之际的鼓点，震耳欲聋。紫蓝色的烟雾表现了大雨滂沱的气氛。

(2) 色彩与味觉。色彩视觉还可以引起味觉联想。色彩的味觉是以往食品味觉信息的反馈，受不同地区饮食习惯的影响，味觉记忆内容是不太相同的。即使同一颜色也存在极大的感觉差异，如白色，就既有甜又有咸的不同味觉。不同色彩味觉也必然会有多种不同答案。在部分极少食用辣椒的地区，红色可能会让人联想起水果的甜味；褐色对没有饮用咖啡习惯的人来说，当然不会引起苦味的感觉；黄绿色固然可能引起酸涩味感，但也往往易产生清苦的味感。对色彩的味觉联想因素同样有多种心理实验资料，对于一定类型销售食品包装的色彩设计，是极有参考价值的。

(3) 色彩与嗅觉。色彩的嗅觉联想与味觉联想一样，同样都依赖于人们感觉经验的积累，它比味觉联想更为微妙，更多地依靠生活经验与生活阅历的积累与比较，个性化因素也就更为突出。

(4) 色彩与触觉。色彩间通过互相比较，会使人产生各类物体质地的联想，有软与硬、光滑与粗糙、透明与不透明等，如高明度色、低纯度色、暖色可使人感觉柔软，低明度色、高纯度色、冷色可使人感觉坚硬。又如在无彩色中，黑色有坚硬感，灰色有柔软感等。色彩的触觉联想自然也随着人的感觉经验的积累而变化，它在色彩设计中对于衬托商品的属性与品格是十分重要的。

| 第 4 章 |

色彩搭配的基本原则与方法

作为一个独立的研究领域，色彩的运用，经过了从色彩为政治宗教服务到工业大生产时代的探索再到今天的室内色彩，人们在这个过程中积攒了一系列的方式方法。成熟、正确运用色彩的属性与规律，在室内设计中可以起到营造室内空间氛围、美化空间的作用，除此之外，还能够为人们提供一个愉悦的工作、学习、休闲环境。

掌握好色彩搭配的基本原则和方法，会使我们的室内设计更加丰富多彩并且饱含情感。室内色彩设计应该首先确定总体的色彩倾向即空间基调，空间色彩的冷暖、性格、气氛都通过这个基调来表现。对于规模较大的空间，在主调的基础上再考虑局部的色彩差异。主调的选择起到基础性的作用，接着判定主体色的色彩倾向，最后再适当地搭配强调色。如何遵循色彩在室内设计中应用的原则来解决现实问题是设计者们要考虑的问题。

4.1 对比型配色

从概念的意义上理解，色彩的对比是指在我们的视觉中所呈现的各种不同颜色相貌的并存整体。这种效果不仅能够引起对我们感官的刺激，而且能够引起我们在视觉上的审美评价。从色彩对比本身的意义来看，主要指颜色的对照、比较。色彩对比的存在显示出色彩之间的差异。色彩对比的前提是色彩之间的并置，而不同颜色的并置意味着不同颜色属性的对比，同时也形成了不同色彩的视觉美感。

色彩对比的存在是绝对的，因为任何色彩本身已包含了与生俱来的天性。黄色比蓝色亮；纯青比淡绿暗。这种色与色之间的差异，表现在它从色彩的明度上构成了色彩对比的视觉效应。此外，我们对每一块颜色予以具体的命名，就是因为色彩相貌的不同，而这种色相之间的对比是形成色彩对比美感的核心所在。与此同时，我们还不能不看到每一种颜色都可能在它自身的范围内由鲜艳度向灰暗度演变从而形成色彩纯度上的对比。

由于色彩对比的绝对性和自身存在条件的丰富性，色彩的对比方式也随之呈现出多样性。我们随意观察眼前的环境，就不难感觉到色彩向我们展示的诸如明度、色相、纯度的多种对比方式的存在。所以，色彩对比的概念从理论和本质上说，一方面是色彩之间的差异所致；另一方面是从它自身存在的环境中得到体现的。前者表示色彩对比的绝对存在，后者体现出色彩存在价值的对比条件，这两者都非常重要，缺一不可。正因为如此，我们的色彩审美有了一个理性和感性的统一方向。

在空间配色中，十分重要的一点即明确主角，主角往往需要被恰当地突显，在视觉上才能形成焦点。如果主角的存在感很弱，就会让人心情不安，配色整体缺乏稳定感。

突出主角的方法有两类。一类是直接增强主角；另一类是在主角色较弱势的情况下，通过添加衬托色或削弱其他色等方法，来确保主角的相对优势。

4.1.1 补色对比

补色对比是由视觉生理平衡的要求而产生的对比关系，是所有色彩对比中最为强烈的一种对比方式。构成补色的原理也是视觉在感受外界色彩刺激时所寻求的色彩视觉平衡的结果中体现出来的。从原理上说，只有当这些色相相互混合的结果等于灰色时，才是真正和谐而平衡的色彩。而能够得到这个结果的颜色组合多数都存在着补色关系。如果色彩中没有达到这一潜在的补色要求，则说明这组色调中的补色不足。为此，要使一种色彩处于某种视觉上的饱和状态，并且真正发挥出这一色彩的美感价值，就必须在这一色调范围内增加具有补色关系的颜色。因此，从人的视觉平衡需求看，最富于审美意味的色彩和谐所依靠的最终原则是在补色中建立起来的。

补色对比在色相环中反映得最为清楚、明了，它能使我们一目了然地看到一种原色和一种间色的互为对应形成的补色关系，如蓝与橙、红与绿、黄与紫是最鲜明、纯正的三对补色(见图4.1)。

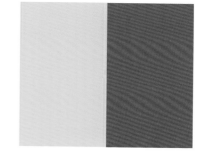

图4.1　补色

补色在色相环中的角度为180°，以36色的色相环而论(见图4.2)，形成补色关系的颜色就有18对。

伊顿说："两种这样的色彩组合成奇异的一对。它们既互相对立，又互相需要。当它们靠近时，能相互促成最大的鲜明性；当它们调和时，就会像水同火那样互相消灭，变成一种灰黑色。"补色对比在不同色相的组合中具有不同的特性。如：黄与紫的补色对比在表现自身补色对比的同时，还表现出极强的明暗对比效果；橙与蓝的补色对比除补色关系之外，还具有极强的冷暖对比效果；红与绿的补色对比也同样在补色对比之外还存在很接近的明度对比关系。

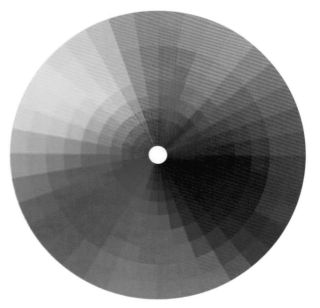

图4.2　色相环

图4.3　《坐在红色手扶椅上的塞尚夫人》，保罗•塞尚

将色彩限定在特定的补色关系中，会产生鲜明的色彩稳定效果。后印象派画家保罗•塞尚将画面以补色对比的方式呈现出清晰厚实的色彩感觉(见图4.3)。所有色彩在他的作品中构成了在平面空间状态下用补色对比形成的交织性画面结构，给观者留下深刻印象。

如果说明度对比和色相对比能够在微妙的层次里游刃有余，那么补色对比就是在色相和明度的基础上寻找到的新的色彩节奏。虽然这种对比来自人的视觉平衡需求，但这种需求重新诉诸于视觉对色彩的审美表现时，又增添了许多艺术成分，因此补色对比在色彩设计活动中显得十分活跃。

4.1.2　冷暖对比

冷暖对比是根据色彩的性能倾向进行比较的一种色彩对比(见图4.4)。颜色本身不存在冷暖。因此，色彩的冷暖感觉是人的心理感受造成的。在心理学中色彩的冷暖划分主要从两个角度进行：第一个角度是，从大的色域上进行界定，即在色立体或色相环上以黄色域为起点，延伸到红橙、红、红紫等色域，这一系列的颜色我们称为暖色。这些具有温暖、热烈意象的色彩往往给人以活泼、愉快、兴奋、亲切的感受，适用于积极、努力、健康等主题的表现；而以蓝紫为起点，延伸到蓝、蓝绿、绿，这一系列的颜色称为冷色。这些具有凉爽、寒冷意象的色彩往往给人以冷静、理智、坚定可靠的感受，适用于商业、学习等主题的表现。从第二个角度看，色光成为认识色彩冷暖的依据。色光照射物体形成明暗关系，这种关系包含色彩冷暖感觉在内，因此，色光照射物体呈现的冷暖效果是相比较而成的。通常情况下，物体的受光部为暖色，背光部就呈冷色；反之，物体的受光部为冷色时，背光部就呈暖色。

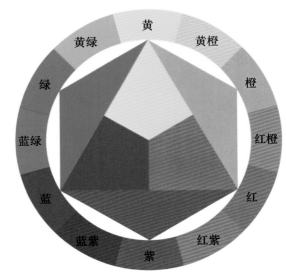

图4.4　色相环

从心理学的角度考察色彩冷暖对比。色彩的冷暖与人的心理感受的联系是在客观事物的影响下获得的。例如，太阳、火炉、烧红的铁块，它们射出的红橙色光有导热的功能，能使空气、水和其他物体的温度升高，而且人们可以通过触觉感受这些射出的光照给人的温暖感觉。反之，大海、碧空、远山、雪地等环境是蓝色光照最多的地方，蓝色光不导热，使得这些地方处于低温状态，让人产生寒意。这些生活中的冷暖印象的经验积累使人的触觉、视觉及心理活动之间具有一种下意识的联系。暖性的事物不需要触摸就能让人感受温暖，因此视觉成了触觉的先导。例如，当我们看到红橙色的光或物体时，皮肤会感到温暖，心理也会觉得温暖愉悦；而当我们看到蓝色光时，皮肤会产生冷的反应，心理也会觉得凉爽或阴冷。

人的生理因素与色彩的冷暖也有一定的关系。例如，人对蓝绿色和红橙色的冷暖感觉相差很大，原因在于蓝绿色能使血液循环减慢，红橙色能加快血液循环。色彩的冷暖不仅来源于色光的物理特性，而且更普遍地来源于人们对色光的印象及其产生的心理联想。

在所有的视觉色彩结构中，冷暖对比是最具有影响力的色彩结构形式之一。色彩的冷暖对比不可能孤立存在，其中，明暗、色相等其他色彩因素必然与之相伴，因此，由色彩的冷暖对比系统产生的色彩效果必然是多种多样的。冷暖对比下的色彩运用，一般来说容易受到视觉协调性的控制，而那些色相不够明确的色彩往往不太理会色彩冷暖的视觉需求。对于这些颜色的设计和组织，只要我们运用冷暖的意识加以巧妙地搭配，同样能获得深层次的色彩冷暖对比的艺术效果。设计师们把色彩冷暖对比的系统思想同样运用到了环境艺术的设计中，他们把空间环境的自然色彩作为房屋建筑系统整体色调不可缺少的一部分。

4.1.3 同时对比

当我们注视任何一种颜色时，眼睛会同时要求这一颜色的补色出现，如果补色不存在，眼睛就会将它自动地产生出来。基于此，色彩和谐的原理才包含了互补色的规律。可见，同时对比事实上是由于人的视觉平衡没有得到满足，为了建立这种平衡，生理上本能地产生了与视刺激相对应的颜色色光，而并不是实际存在的颜色。例如，一块纯色的旁边放一小块灰色，它们的并置产生的对比效果使得这块中性灰色出现其并置色的补色的感觉，如果这块纯色为红色，那么中性灰色看上去就会出现绿味(见图4.5)。这种补色现象的出现是视觉给予的，事实上并不存在。

图4.5 红灰对比

歌德说过，同时对比决定色彩的美学效用。从美学的意义上看，同时对比的效果发生在任何两种并非是准确补色的色彩之间，这种情况下，两种色彩分别倾向于使对方向自己的补色转变，因而两种色彩都会失去它们自身的内在特点，使色彩双方增添生气和活力。所以同时对比的存在使色彩处于视觉上的变化状态。

从广义上看，色彩的同时对比包含如下几种情况：在以明度为主的同时对比中，明度高的色彩显得更加明亮，明度低的色彩显得更加黝黯；在以纯度为主的同时对比中，纯度高的色彩显得更加明亮，纯度低的色彩显得更加灰浊；在以色相为主的同时对比中，两种补色并置彼此不发生色相的变化，反而能强化各自色彩的鲜艳程度；

两种非补色的不同色相并置时，则分别将各自的补色残像影射于对方之上，从而加大两者之间的冷暖差距。当两种面积、纯度相差悬殊的色相并置时，面积小、纯度低的色彩容易受到对方的影响，而面积大、纯度高的色彩除其边缘以外基本不受影响；无彩色与有彩色的并置，有彩色不受影响，而无彩色则受有彩色的影响而出现补色现象。

如图4.6，空间中无彩色的灰色墙面与红色的墙面放置在一起对比，在视觉上，灰色墙面显示出了绿色。

图4.6　效果图　(作者：陈镀焕)

同时对比现象引起的人对色彩的错觉尤为明显，从颜色的视觉实验上看，将黑色作衬底来衬托各种纯色，对比强度由强到弱的次序是：黄、橙、绿、红、蓝、紫；反之，以白衬托其色彩的对比强度正好相反(见图4.7)。

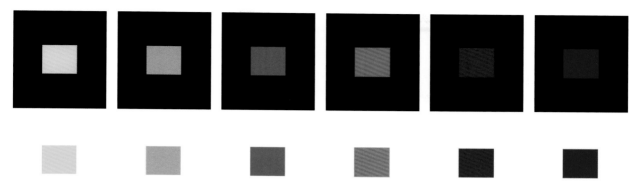

图4.7　同时对比

从色彩同时对比的客观事实可以看得很清楚，我们的视觉对色彩的要求随时都在寻求色彩的平衡，而这种色彩在视觉上达到的平衡，虽然不是真实存在的颜色，但它给视觉带来的影响也成为视觉感知"真实色彩存在"的一部分。例如，我们将一面白墙刷上一半黄色，则白色部分会呈现淡淡的紫色(见图4.8)。

一切纯色都有能力在视觉平衡的另一端出现补色现象，运用这些同时对比的色彩规律进行色彩的表现具有实际意义。此外，我们还必须看到，同时对比使各种色彩相互之间形成的对比效果都不可能脱离它们自己的色彩规律，这就需要我们在色彩实践中不断地总结，并通过色彩同

时对比的不断实践，从中总结出这方面的视觉经验。

图4.8　白黄对比

4.1.4　连续对比

连续对比是相对于同时对比而言的另一种色彩对比方式，又称相继对比，是指先后观察不同色彩所引起的色彩对比现象。具体来说，就是先注视一块颜色之后紧接着又移视另一块颜色，这时所看到的色彩感觉已不是第二块颜色的实际色相，原因在于第一块颜色对第二块颜色产生了色彩在视觉平衡上的寻求。例如，先看到红色之后立即看紫色，这时的紫色就呈现出青绿色的感

觉，等注视片刻之后才能看清原来的紫色。显然，这是人的视觉神经为了寻求色彩平衡而将前一色的补色现象添加于第二色之上的缘故。

色彩的连续对比表明，和色彩的同时对比一样，连续对比也存在人眼视觉生理补色机能的效应。如果我们对一块紫色注视十分钟左右，然后将眼睛闭起来，就会感觉到一种作为视觉残像的"黄色"出现。同样地，如果再去注视一个红色

方块，那么视觉残像就会出现一个绿色方块。这种现象可以出现在对任何色彩所做的试验上，而产生的视觉残像总是它们的补色。

连续对比不仅表现在色相上，而且表现在纯度和明度上。当我们先看亮色再看暗色时，就会觉得这暗色要比上次所看到的更深；反之，先看暗色再看亮色时，就会感到这亮色更明亮。展示陈列的设计中的上下衔接，环境艺术设计中的色彩前后安排，都能通过连续对比达到特殊的艺术效果。电影或电视中经过色彩的冷暖、明暗等对比镜头的转换之后，色彩视觉的审美感受就会被导入一个新的视觉境界。当我们进行某一陈列布置或展板色彩设计时，也可以用连续对比的色彩表现手法来达到色彩在空间状态下的预想目的。

4.1.5　面积对比

面积对比指两种以上的颜色以各自的面积出现在画面上形成的色彩对比关系，它包括大与小、多与少的面积对比关系在内。色彩的面积对比之美表现为色量分布的比例恰当，只有当色彩的力量分布恰当时，才能构成色彩整体的和谐美。因此，色彩面积对比在构图中起着重要的作用。在由不同色相构成的色彩整体关系中，色彩面积对比对色彩整体效果的视觉作用尤为重要。例如，红、绿两色的面积如果一样，并被安排在同一个画面上，虽然从视觉的平衡上并没有违背基本的和谐规律，但作为色彩设计的作品，它们在视觉构图的整体上却得不到色彩的完美统一，更得不到完整统一的色调感，因为它既不属于红色调，又不属于绿色调。因此，缩小其中一色的面积，就能得到理想的调和，例如，我们把红色的面积缩小到画面的五分之一(见图4.9)，那么既对比又统一的绿色调就会立即得到色彩美的改观。

图4.9　长沙某商场店铺　(摄影：陈镂焕)

色彩的面积对比是在色彩同时对比的视觉基础上决定色彩的色调倾向的。色彩的面积对比在色彩结构中起着决定性的作用(见图4.10)。无论我们把色彩的基点放在色彩的纯度上还是色彩的明度上，首先必须重点考虑色彩的面积对比因素，才能获得理想的色彩效果。

图4.10　手绘图　(作者：刘良辉)

同一种纯度的色彩，面积不同，对于人的视觉感知也会产生相当大的差异，尤其是对于人的情感的影响更加明显。例如，将鲜艳的红色在画面上的面积比例关系进行具有变化的安排，它对我们在情感上的反映就会产生明显的变化：把红色的面积缩小到整个画面的"点"的形态位置上，并在这个红色点的空间四周布满相对的冷色调，那么红色给我们的感觉就是一种活泼的点缀效果；如果扩大红色的面积，并穿插一些其他的色彩，那么红色就会给我们一种喧闹或者温暖的感觉；如果我们再将红色的面积扩大到整个画面，而原先那些相对的冷色几乎濒临消失，这时，由于红色面积在画面上占据了主导而绝对的地位，那么强大的红色刺激会使我们感觉难以忍受。(见图4.11)

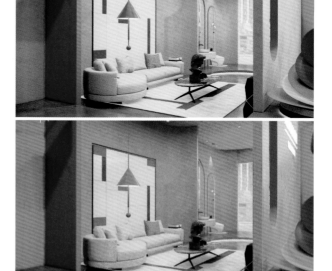

图4.11　效果图　(作者：陈锃焕)

色彩面积对比中包含的主要因素是色彩的色相、纯度和明度，其中色彩的面积对比与色彩的整体形式结构最为相关，且色彩的明度有重要的影响。

我们知道，色彩在同纯度、同明度的情况下，面积对比的距离是难以拉开的，即使强调色彩冷暖的对比关系也很难获得满意的视觉效果，因此恰当地强调颜色明度在面积对比中的运用是设计师的明智选择(见图4.12)。

歌德做出了色彩明度和谐配比的基本规定：

黄：橙：红：紫：蓝：绿=9：8：6：3：4：6

每对互补色在明度上的平衡关系如下：

黄：紫=9：3=3：1=3/4：1/4

橙：蓝=8：4=2：1=2/3：1/3

红：绿=6：6=1：1=1/2：1/2

当我们把这些色彩的明度对比关系转变成和谐的色彩色域时，必须将明度的数字倒转，即：黄色的明度比它的补色强三倍，因此，在构成色彩的面积对比时，黄色只能占紫色色域的三分之一。其配比关系如下：

黄：紫=1/4：3/4

橙：蓝=1/3：2/3

红：绿=1/2：1/2

图4.12　手绘图　(作者：刘良辉)

因而原色和间色的和谐色域如下：

黄：橙：红：紫：蓝：绿=3：4：6：9：8：6

或者：

黄：橙=3：4

黄：红=3：6

黄：紫=3：9

黄：蓝=3：8

黄：红：蓝=3：6：8

橙：紫：绿=4：9：6

上述色彩的对比比例可以成为其他所有色彩和谐色域的对比参照，也对我们进行具体的色彩面积对比具有指导意义。按照这种色彩比例进行色彩的面积配比，通常能获得色彩情感的和谐以及色彩视觉平衡的整体效果。当然，当代绘画或当代设计在许多情况下追求非平衡色彩视觉效果和特有的色彩表现力，这样的面积对比比例或许能帮助我们找到新的情感色彩的和谐尺度。

色彩的面积对比要考虑到视觉平衡的丰富性，为此，色彩面积的大与小、分散与集中对色彩节奏的控制与调节有着十分重要的意义。例如，我们将两种等面积的颜色分割成许多小条、小块、小点再做交叉排列，其色彩效果与大面积并置的颜色截然不同。如果是多种色彩之间的面积变化，如此处理就会让人感到更加丰富多彩。在通常情况下，某种色彩的面积小则易见度低，面积太小的色块会被底色同化而难以被发现；面积大的色块，易见度高且容易让人感到刺激，例如，大片的红色会使人难以忍受，大片的黑色会使人发闷，大片的白色会使人感到空虚。在色彩构图的过程中，遇到过于刺目的或者力度不足的色彩，除改变色彩的纯度或明度以外，更多情况是依靠色彩的面积对比来解决。

由于面积对比直接与色彩的结构紧密相关，因此，艺术家们非常重视色彩的面积对比给作品带来的视觉效果。蒙德里安的方格构图几乎成为色彩对比的典范。他把三原色与黑、白、灰精心分割，并以黑色或其他色彩对方格中的鲜明色彩进行间隔处理，最终让面积比例关系呈现出节奏视觉之美。我们把色彩的对比运用到实际的空间环境设计中也是非常可取的。每当遇到这种情况，我们就将真实空间中的色彩感觉归纳到平面上加以推想，把立体空间中的色彩感知转化为平面的视觉假想，以此来控制和规范我们眼前所见的色彩在"面积对比"上的和谐度。

一切色彩离开视觉感知便显得毫无疑义。为此，以面积对比的方法将所运用的色彩放置到一个合适的视觉氛围中，就更有可能发挥色彩的设计作用。

以综合的观点看待色彩的各项对比尤为重要，它可以使我们把组织色彩的重点放到色彩的全部关系中考虑，这样不仅可以避免色彩运用中顾此失彼的现象出现，而且能够根据色彩综合对比的关系使色彩的各项对比性质在和谐中得到升华。从色彩对比的实际情况看，强调色彩对比就意味着加强色彩错视的明显生成；反之，削弱色彩对比就意味着削弱色彩错视的产生。因为任何一块颜色的色相、明度及纯度感觉，在相异的对比中必然出现不同的色彩错觉，这就是说，色彩的错觉是与色彩的各种对比联系在一起的。比如我们对于同一景物进行色彩写生时，没有哪位同学的色彩画面达到了与客观景物绝对准确的程度，然而每幅作品都具备了完整而相对准确的色彩关系(见图4.13)。

图4.13　太行山写生　(作者：陈锾焕)

色彩的对比有特定的生成环境，为此，那些单独看来显得准确的颜色若置于不合适的色彩关系下，我们同样会觉得这颜色是不准确的，这一事实提醒我们，观察和表现任何色彩对象时必须注意色彩之间的对比及其对比下的环境关系。

4.2　融合型配色

融合型配色就是指色彩在统一与变化中产生和谐的美。在空间中，色彩要有一定的秩序性，当色相变化、明度变化、纯度变化出现一定的规律时，色彩是融合的；当空间中出现视觉效果较强的色彩时，可以搭配它的互补色来达到生理上的均衡，从而实现色彩的融合。室内空间中色彩的运用也要考虑该空间的使用功能以及使用目的。当色彩的使用与其主体的功能性相统一时，也称其达到了色彩的融合。在室内设计中，辅色的主要作用是与主色进行搭配，作为主体色彩的陪衬，它可以突出主体色彩的设计风格或调和色彩的跳跃与不和谐，辅色所具备的辅助特性决定了辅色在搭配风格上应该选择与主色相近的颜色，最好是与主色一致的色系，这样能够使空间风格实现统一，不仅可以增加空间中色彩的丰富程度，还可以增强色彩搭配的整体效果。

4.2.1　色彩和谐的概念

色彩被用于人类生活，属于视觉感知的现象，色彩对比更多地属于客观层面的问题，它探讨色彩彼此间的关系，如色彩三属性的差异、色彩面积大小的关系等，而人对客观存在的一切现象的美的看法是异常复杂的，色彩的和谐属于主观方面的问题，是在这些色彩现象的基础上对它们进行审美上的评价，属于色彩的美学问题，更接近于人的视觉与心理感受。

　　色彩的和谐就是人们对于色彩呈现的视觉状态感到愉悦的色彩整体效果(见图4.14)，包含两方面内容：其一是具有理论色彩的关于色彩美感的生理、心理的认识基础；其二是达到色彩和谐的调和方法。现代色彩的和谐标志是人的情感方式在特定形态下所表现出来的转换方式的一种，当人的情感与历史上具有人文背景的丰富事件相互作用时，或者说当色彩作为一种人的视觉和心理共同构建的文化符号出现在特定的时代时，其约定俗成的审美方式在恰当的文化框架中就会毫无疑问地被肯定。

　　然而，色彩和谐处理中的调和方式并不是简单地理解为颜色与颜色之间的无原则配置，若干颜色放在一起究竟是否调和还需要建立在物理、心理、社会、历史、文化环境等基础之上，它们是掌握色彩调和的重要前提。

　　站在物理的角度看，色彩相关因素主要有：光源色、物体色、质感、形状等。这些因素对于人的外部刺激形成了不可回避的客观视觉条件，它们直接影响着人对色彩和谐感的形成。

　　从人的生理基础上看，人对颜色的感受长期依赖生成环境导致的视觉平衡状态，如红与绿、黄与紫、白与黑的平衡。由于人的生理对外界的刺激有本能的调节和补充作用，因而形成了自觉补色和残像的视觉现象。色彩和谐感的产生很大程度上须依赖于这种视觉平衡的基础。

　　人的心理基础也是非常重要的一个方面。人的心理是人的内心世界的写照，而人的内心世界与客观存在的世界有时不会完全统一，因此由人的心理基础形成的对色彩感受的因素属于人的主

图4.14　手绘图　(作者：刘良辉)

观价值判断因素。可以说基于心理因素对色彩赋予轻重、冷暖、胀缩、远近等感觉都是人的主观方面对色彩的心理评价。

时代性给色彩带来的审美判断是一个流动性的美学。美是一个历史的范畴。每个时代都有每个时代的美。可能一个时代认为美的色彩到另外一个时代却认为不美。这种由时代审美形成的对色彩不同的看法属于人的心理范畴。在工业时代，色彩设计基本上被设计师作为刺激消费的视觉符号而运用，设计师千方百计站在时代前沿，充分利用人们的时髦心理把色彩的视觉感知往合乎人们心理的方向引导，例如，流行色就是建立在时代特性的基础上的最典型的色彩现象。

色彩在地域性上反映出来的结果，能够充分证明色彩与地域文化的紧密关系(见图4.15)。每个地域都有每个地域的文化特性，这种地域文化的特性决定了处于特定地域的人对各种色彩美的愿望，决定了他们的色彩审美观念，因此不同地区对色彩的看法也不尽相同。

图4.15　南宋御街某印度风店铺　(摄影：陈锾焕)

色彩被人类运用的过程中自然体现出不同民族的文化特征(见图4.16)。原因在于各民族在历史发展中形成的文化充满了民族自身的审美个性，并且由此也形成了他们特定的民族文化心理结构，其中，色彩的表现形式必然随这样的民族文化心理结构系统地融合开来。

图4.16　英国巴斯　(摄影：于中卉)

4.2.2 色彩和谐的原则

色调的构成应从诸色块的构成关系角度出发,抓住色彩节奏与韵律,巧妙有机地调度,各种色彩需按照一定的层次与比例,有秩序有节奏地彼此相互连结、相互依存、相互呼应,从而构成和谐的色彩整体,而多样与统一仍是色块处理、色调构成的基本法则。

基于和谐要求的色彩调和在当今色彩设计中有需要遵循的基本原则,虽然我们对于色彩的审美看法很难得到一致的认同,但现代设计中的色彩运用却不可能没有指导色彩设计的基本方法和共同原则来达到相对的统一性。一般来说,色彩的调和原则有均衡原则、同一性原则、呼应原则、主次原则、节奏原则、强度原则和时代原则。

1. 均衡原则

在色彩设计中,为了得到视觉上的协调效果,必须把握均衡的色彩调和原则。这个色彩表象照片(见图4.17)采用均齐的色调,具有平稳、完整、庄重、严谨、统一的秩序美。然而过分的均齐感也会造成呆板、单调的不利效果。与均齐相比,平衡的色彩配置显得活泼、自由、多变而富于生机,平衡是对均齐形式的发展,它由形的对称转化为力的对称。色彩的均衡构成首先体现为色彩重量感的均衡。一般地,鲜艳、深暗、温暖、面积大、对比强烈、形象完整明确、轮廓整齐划一的色彩都具有重量感。如果沉重的色彩居于画面的中心,则容易显得沉闷无趣;清亮的颜色居于画面中心则显得空虚和轻浮。因而在色彩配置中,应以画面中心为基准,对轻重色块做出平衡的色彩配置。其中沉重的色块安排在近于中心的位置上,而轻灵的色彩应远离中心,以获得稳定的效果。

图4.17 效果图 (作者:张越)

2. 同一性原则

同一性原则是指用同一性的手法使色彩产生调和感的原则。色彩调和的同一性原则要求画面中的色相之间都带有同一的特性。例如，色相的同一倾向、色彩的同一明度、色彩面积对比的纯度接近、色彩构成的同一系统、色彩运用上的同一风格、色彩表现的同一技法等，在色彩同一性原则的作用下，色彩配置的结果容易取得调和的感觉。这一原则要求我们利用多种同一性的要素来调和画面中的色彩搭配。从同一性的角度理解，能让色彩过分的对比得到适当的抑制；或者说同一性的要素可以消除视觉上的杂乱感(见图4.18)。

图4.18　手绘图　(作者：刘良辉)

3. 呼应原则

呼应原则又称色彩的照应。色彩呼应原则与色彩的对比原则紧密相连，只顾对比而不求呼应则会由于对比失度、悬殊过强而使画面失去平衡，最终导致各色块陷入孤立的境地。具体来说，要使色彩之间产生彼此呼应的效果，就必须从色相、明度、纯度、面积、疏密、虚实、大小等丰富的变化上进行呼应处理，使色彩画面在视觉上产生整体性的协调感(见图4.19)。

图4.19　手绘图　(作者：刘良辉)

4. 主次原则

在设计中，色彩的运用需根据其内容、图形、意境及所需形式进行主次的划分。越是丰富细腻、复杂多变的色彩构图，就越需要为之分清主次。色彩的主次主要体现在画面上的主导色、衬托色及点缀色的运用之中。

主导色是指统一整个画面的主色调。它能够协调色彩的多种对比关系，控制整个色彩倾向，使色彩画面浑然一体。中国古代强调"五彩彰施，必有色主"，就是考虑到了主导色的作用。色彩配置方案中主导色的形成，需要各色彩关系的比较。其中，高纯度的色相具有明显的视觉诱惑力，容易形成色调的主导色；而那些接近画面中心的色块由于视觉强度大而容易起到主导色的作用；此外，与色彩结合的优美形态也容易形成

主导色的效果(见图4.20)。

衬托色相对于主导色而存在。要使色彩达到富于美的调和效果，巧妙地运用衬托色是相当必要的。衬托色的运用形式主要有以下几种。

(1) 明暗衬托：用大面积的暗色衬托小面积的亮色，反之，用大面积的亮色衬托小面积的暗色。

(2) 冷暖衬托：用大面积的冷色衬托小面积的暖色，反之，用大面积的暖色衬托小面积的冷色。

(3) 灰艳衬托：用大面积的灰色衬托小面积的艳色，反之，用大面积的艳色衬托小面积的灰色。

(4) 繁简衬托：用大面积的单纯底色衬托小面积的复杂色彩，反之，用复杂的背景色彩衬托单纯的色彩图形。

图4.20　效果图　(作者：陈锓焕)

图4.21所示的展览空间中，以浅蓝色为背景色来衬托色彩丰富的展品，以达到突出展品的效果。

图4.21　海上世界艺术中心《不完美·加埃塔诺·佩谢》展览　(摄影：陈锓焕)

点缀色具有活跃画面的作用，其活泼、醒目的特性能为作品起到画龙点睛的效果。当画面遇到沉闷、灰暗的色调时，点缀少量鲜艳的对比色就会使作品立刻显得生机蓬勃。然而，点缀色的运用面积不宜过大或过小，面积太大会破坏色调的统一，面积过小则易被周围的颜色同化(见图4.22)。

图4.22　效果图　(作者：白天 付舒婷)

5. 节奏原则

在色彩设计中把握节奏原则能使视觉产生美的效果。色彩的节奏通过色相、明度、纯度、面积、形状、位置等视觉对比方式来有秩序地保持连续的均衡间隔而获得。色彩节奏感的产生有赖于色彩的反复、渐变、突变、运动等形式。所谓反复，即通过某一色彩组合的规律性重复而产生秩序、条理、连续的节奏与韵律。所谓渐变，即通过色相、明度、纯度、冷暖、面积、位置、聚散、疏密等因素的渐层次变化产生连续的均衡间隔，从而产生鲜明有力、规则条理的韵律感与节奏感。所谓突变，即在色彩的秩序变化中比较突出地引入非秩序的因素，以打破色彩的单调感，从而产生抑扬顿挫的节奏感。所谓运动，即通过强烈的明暗与色相对比，并且以不对称的布局使色彩的重心偏移到画面的某一边，以便产生视觉上的运动节奏感。

6. 强度原则

强度原则是指按照色彩审美的需要，充分运用对色彩的加强或削弱，使色彩效果达到视觉所需要的理想结果的审美原则。色彩的和谐美感的产生需要有一定强度的对比才能达到，然而，这种对比的强度必须符合我们视觉刺激的舒适度，其色彩的整体效应才能得到和谐美的评价。为此，色彩设计时要尽量避免过强的对比，从而减弱给眼睛造成视觉疲劳而产生的对色彩的反感心理；反之，如果色彩的配比过于柔弱，色彩在整体上的精神效果也会受到损伤。可见色彩强度的原则只有放在一定的限度上才有实际的审美意义。

7. 时代原则

将时代感作为色彩调和的原则有十分重要的意义。一切视觉艺术都不可避免地受到时代审美观念的直接影响，色彩的时代原则要求关注时代对色彩的审美观，把时代对色彩的调和观念运用到色彩调和的实践中去，使色彩设计的效果真正符合时代审美的理想。这样，色彩的美学价值才能真正体现出来。时代原则对于色彩来说同样处于变化状态之中，因此，色彩在设计中的最佳发挥必须包含时代的精神因素。

4.2.3 色彩的心理调和

色彩的知觉过程是人对色彩的感觉所经历的物理、生理和心理的过程。人对色彩的视觉判断并非是一种简单的纯客观的记录，而与一个人的主观审美心理体验密切相关。因此，"生理学无论如何也不能逃避心理学，视网膜现象的每一种陈述都涉及心理学问题"。色彩既具备生理学的内容，也具备心理学的重要内容，这种对色彩在人的心理方面的审美体验已成为国际学术界对色彩知觉研究的主要课题。尤其是近代实验美学学派提供了大量例证，证明了人的心理对视知觉的"完形"影响。这种心理影响对色彩在心理方面的进一步研究起到了重要作用。

人们对不同的颜色产生不同的感觉进一步证明了人的视觉生理感受是色觉心理的基础。其中由于人的年龄、性别等生理因素导致的差异性，使得人的心理世界也会产生不同的感受。为此，许多颜色对人的刺激引起的忧郁感、兴奋感或沉静感都超出了人的视觉范畴进而上升为心理的色彩内容。所以，色彩的和谐感也成为我们心理方面需要把握和研究的重要内容。从人的心理活动出发，人们对色彩产生的联觉直接影响到色彩在人们心理上的和谐感。从色彩心理联想的角度分析，那些常见的所谓标准色可以通过各种丰富的词汇进行语言上的描述，这种描述的结果往往是，红色让人联想到兴奋、激情、奋进、活跃、紧张、喜庆、吉利、欢愉等；橙色让人联想到热情、活泼、激情等；黄色让人联想到愉悦、祥和、明朗、活泼、动感、明快等；绿色让人联想到和平、青春、新鲜、希望、安宁、柔和等(见图4.23)；蓝色让人联想到深远、沉着、寂静、伤感、含蓄等；紫色让人联想到高贵、神秘、豪华、思念、悲哀、温柔、女性化等；白色让人联想到洁净、明朗、清晰、透明、纯真等；灰色让人联想到沉着、内向、抑郁、平易、暧昧等；黑色让人联想到深沉、庄重、高雅、成熟、稳定、悲观、消极等。

色彩的心理调和内容的丰富性与人对色彩产生心理效应的多样性形成了一致的对应。这种对应性的存在与人的不同经历、个性、年龄、教养、民族文化等因素的影响不无关系。于是对于红色就有了"红杏枝头春意闹"与"宫花寂寞红"这样两种截然相反的色彩感受。由此看来，色彩的视觉调和与色彩的心理调和并不是完全相同的。而人的心理对色彩的不同感受，使得同一种色彩在不同人的心中可以产生不同的和谐标准。

色彩的心理调和与人对色彩产生的情感的关联导致了色彩在人的心理内容上的复杂性，这一点，即使在设计师身上也同样存在。在不同的设计师的作品中，我们可以清楚地看到他们各自对某些颜色的偏好运用，这种用色的自由度的体现，事实上就是个人对某些特定色彩在审美上的特殊心理认定的具体表现。然而，在他们看来，运用这些色彩美的认定的基础必然来自色彩个性

图4.23　美的M+书屋　(摄影：黄碧玲)

化的心理支持，所以色彩的心理调和是决定色彩个性表现的内在因素之一。

色彩的心理效应是通向人类心灵的更深刻的和谐之路，康定斯基说："对于一个较敏感的心灵，色彩的效果就会更深刻，感染力更强。这就使我们达到了观察色彩的第二个效果：色彩的心理效果。它们在精神上引起了一个相应的振荡，而生理印象只有在作为通往这种心理振荡的一个阶段时才有重要性。"([俄]瓦·康定斯基：《论艺术的精神》，中国社会科学出版社，1987年，第33页)。照此看来，色彩的心理效果跨越了生理色彩的外部层面，进入到了一个更深入的心灵深处。由此我们可以想到色光给我们眼睛的七色

(红、橙、黄、绿、青、蓝、紫)就像音乐中的七个音符，由它们组成的音乐激起的情感仿佛成为我们心理色彩的内在和谐。

从心理色彩的角度分析这些色彩"音符"的感染力是极有趣的事情。康定斯基在《论艺术的精神》一书中专门对色彩在心灵中的反映做过深入的研究。他将色彩排序为橙、黄、红、蓝、紫的横向序列，认为红色中黄色的积极因素等于橙色，红色中蓝色的消极因素等于紫色。以红色为中心再向黄色、橙色作离心运动；同样地，也以红色为中心，再向蓝色和紫色作向心运动，而红色形成了自身运动的中心。他从色彩的心理结构的内在和谐出发，将这些原色和间色形成的强烈

的色彩"音符"分成向心方向、离心方向和自身运动这样三个对立而又统一的色彩整体。在广阔的心理色彩领域内，色彩的"运动"成为这些音乐般色彩旋律运动节奏的关键词(见图4.24)。

图4.24　成都W酒店　(摄影：李冬梅)

心理色彩的和谐在康定斯基看来并非基于任何科学的理论，而是注重感觉经验的获得，他指出："黄色和蓝色有另外一种影响着对比的运动，即离心和向心运动。如果两个圆圈分别涂上黄色和蓝色，静观片刻就可以看出，在黄色的圆圈中立刻出现一个从中心向外扩展的运动，而且明显地向观众逼近。相比之下，蓝色的圆圈却从观众退回自身。"([俄]瓦·康定斯基：《论艺术的精神》，中国社会科学出版社，1987年，第47页)。在康定斯基看来，红色的无限温暖不具有黄色那种轻狂的感染力，但却能表达出它那坚定有力的强度。红色可以偏冷，也可以偏暖。"朱红这种颜色给人一种尖锐的感觉，它像是炽热奔腾的钢水，冷水一浇就会凝固。朱红色会被蓝色掩盖，因为它无力承受任何冷色的掺和；说得更确切点，这样的混合所产生的只是为当今画家所不齿的一种泥浆色，然而，泥土作为一种物体，自有其内在魅力，所以在绘画中回避它是不公正和狭隘的。如果这样，就无异重蹈过去片面追求纯色的覆辙。在内在需要的前提下，有些在外表上污浊的事物的内部常常是纯洁的，而有的事物却恰恰相反。"([俄]瓦·康定斯基：《论艺术的精神》，中国社会科学出版社，1987年，第52页）。可见，心理的内在需要对色彩外在视觉美感的改变起到了多么重要的作用。

现代心理色彩的内在调和方式对传统色彩的巨大冲击是非常明显的，然而，这些都没有违背人类心理色彩创造的基本规律。心理色彩的和谐追求之所以有它勇于改变以往色彩视觉描述的突破性习惯，就因为它十分在乎人的"内觉"活动。而"内觉是一种不能详细准确加以分析的体验"（[美]S.阿瑞提：《创造的秘密》，辽宁人民出版社，1987年，第69页），它是一种"无形象认识的实际呈现"。"内觉是对过去的事物与运动所产生的经验、知觉、记忆和意向的一种原始的组织，不能转化为语词的表达而停留在前语词水平。它虽然含有情感的成分，但不能发展为明确的情绪感受。"（[美]S.阿瑞提：《创造的秘密》，辽宁人民出版社，1987年，第69页）

色彩的心理调和始终要受到社会文化机制的制约，为此，文化的开放必然导致一切艺术表现形式的开放，色彩作为其中的一个要素，会随时代的脚步前进而获得新的生命力。心理色彩虽然是一种看不见的色彩，但它直接支配着我们对于视觉生理色彩的表现与肯定。反过来说，只有合乎心理色彩"标准"的视觉色彩现象才能被我们的心理所接受，或者说才能从内心感到色彩的和谐美。

色彩的心理调和问题是一个相对复杂而又变化的问题，严格地说，色彩心理调和的标准是不存在的。然而，对色彩美感的时代性的确认以及由这种带有共同性的确认所造成的色彩审美文化的趋势却能够相对稳定地在一定时期存在着。为此要具备一个健全的、心理色彩调和的、审美感性与理性结合的整体，还需要我们深入到与色彩表现相关的更多视觉艺术的领域中去，以便通过相关的艺术力量来获得对色彩心理调和的支撑。

4.3　色调构成

环境对室内空间的主体和主体的色彩起着重要作用。室内环境中具有多种背景与物体色彩的组合。室内的地面、墙面、天花板以及软装饰共同组成室内的色彩环境。室内的色调是指色彩在室内环境中所构成的整体关系，使室内空间中各部分物体色彩互相配合，从而形成一种整体的色彩倾向，在特定的环境中起主导作用，并与其他因素共同创造环境的气氛和意境。同时，色调也充分反映了室内空间的功能与个性，并具有很强的感染力。

4.3.1　色调类别

色调在色彩学中是指一个色彩整体构成倾向的总概念，即包装设计中全部色彩所造成的总的色彩效果，色调是一个色彩组合的总体特征，是一个色彩组合与其他色彩组合相区别的体现。

色调的类别很多，其形成受色相、明度、色性、面积等多种因素的综合影响，其中某种因素起主导作用，就可称为某种色调。日本色彩研究所将色彩分为12种色调，并整理为华丽、朴素、明亮、阴暗等四大色彩意象，又将无彩色区分为：白、浅灰、中灰、深灰、黑等五大类。

鲜明色调：华丽、鲜艳；明色调：清澄、明丽；强烈色调：较鲜明、色调略带浊味；深色调：较强烈、色调深暗、浓重、厚实；浅色调：间于粉色调与明色调之间，朦胧微妙；粉色调：含有较多的粉色，柔和、纤细；暗色调：较深色调暗重、稳定、深沉；浅灰色调：较粉色调稍暗、朴素、单纯；灰色调：稳定、枯萎，中性、含混，具有端庄感；暗灰色调：接近黑色，但具

严肃、细密感；白色调：清朗、透明，具有现代感；黑色调：坚硬、沉深。

具有沉稳感的方法：以一组色彩基调为主调，加入一至两组具有对应关系的其他色调，进行对比组合，其色彩表现效果比起单一一组色调的表现更为丰富。

4.3.2　色调组合

色调组合是指在色彩设计或艺术创作等领域中，将不同色调的颜色进行有目的、有规律的搭配和组合，以达到特定的视觉效果和情感表达。

1. 明色调与灰色调的组合

方法：明色调与灰色调均为高明度色彩关系，以强调高调子弱对比为调子特征。

特点：清淡、柔美、温文尔雅。

图4.25所示为某女性服装店的设计，其空间中运用高明度的淡绿色、橙色、天蓝色、淡黄色和灰色搭配组合，以高调色调的弱对比呈现女性服装店中柔美、高雅的特点。

图4.25　服装店　(作者：盛紫兰)

2. 暗色调与暗灰调的组合

方法：暗色调与暗灰调均属于暗色系色彩，以强调暗调子弱对比关系为调子特征。

特点：古典、深沉、雄厚、冷漠。

图4.26所示为某住宅空间设计，空间的色彩以深棕色与土灰色的暗色系为主，表现了古典、深沉的老年智者空间的特点。

图4.26　效果图　(作者：雷永旺)

3. 纯色调与中明调、明色调的组合

方法：纯色调与清色系色彩组合，以强调浓烈的色味感为调子特征，着重于邻近色、同类色关系的弱对比组合。

特点：清新、风雅、爽朗、青春。

如图4.27，此设计的场地为某中学教学楼，空间中主要运用了柠檬黄、草绿、浅绿、灰白色调，明亮活泼的黄色与其邻近色草绿组合，营造出青春、充满活力的校园氛围。

图4.27　教学楼　(作者：陈锓焕)

4. 浊色调与中灰调的组合

方法：浊色调与中灰调均属于中明度色彩关系，以强调中调子弱对比关系为调子特征。

特点：浊色调色相感较强而不艳，中灰调色相感弱而含蓄，两组色调配合既有色彩感又有内涵、朴实、稳重。

图4.28所示住宅空间的色彩以棕黄色的中灰调与深棕色的浊灰调相搭配，显示出沉稳、儒雅、富有情调的新中式生活空间。

图4.28　效果图　(作者：张越)

5. 形与色综合表意构成

表意构成即表现意念、情感、情趣。通过形态与色彩的组合构成，传达自己的意象与感受。这是一个用形用色综合表达的总结性课题。

图4.29所示办公空间中的流线型家具与橙、蓝补色相结合，加上小面积的绿色点缀，营造出一种年轻、充满活力的办公环境。

图4.29　手绘图　(作者：张仲夫)

4.3.3 色彩印象

1. 印象表现

利用形与色的组合，对某种景象、特征进行概括，印象的综合表现强调富有代表性的总印象。

春天的色彩印象是黄绿色调，一片新绿的情景。

夏天的色彩印象是浓绿色调，阳光灿烂、对比强烈。

秋天的色彩印象是金黄色调，表现了收获的季节。

冬天的色彩印象是冷色调，冰天雪地、洁净。

2. 抽象表现

通过形与色的组合，表现抽象的概念，如华丽、清新、古朴、典雅。

(1) 华丽。富丽堂皇、繁华浓烈(宫廷味)。

形态：活泼、动荡感强；

色彩：强调色相、明度对比关系(见图4.30)。

图4.30　华丽效果图　(作者：雷永旺)

(2) 清新。轻快、爽朗(民间味)。

形态：轻飘、潇洒；

色彩：色调趋向清色系，中对比(见图4.31)。

图4.31　清新效果图　(作者：白天 付舒婷)

(3) 古朴。深沉、博大(泥土味)。

形态：严谨、秩序；

色彩：色味感单纯、素雅的调子(见图4.32)。

图4.32　古朴效果图　(作者：白天 付舒婷)

(4) 典雅。含蓄、柔美(古典味)。

形态：安定、平静；

色彩：含灰色调，对比弱(见图4.33)。

图4.33 典雅手绘图 (作者：李冬梅)

色彩对眼睛有光感刺激作用，在视觉艺术中常常具有先声夺人的力量，有"远看色彩近看花""七分颜色三分花"之说。色彩又是美感中最普及的形式，极易引起人的情感反应与变化。

阿恩海姆说："就表情而论，最显著的效果也比不上落日或地中海蓝的效果。"人的视觉对于色彩的特殊敏感性，决定了色彩设计在视觉传达中的重要价值。

| 第 5 章 |

室内色彩空间

在室内设计中，各种色彩的搭配不是机械地把不同的颜色叠加在一起，而是要认识到不同颜色的关系，并通过色彩和色彩的相互影响来获得所需的效果。色彩的设计能否达到预期的效果，主要取决于对色彩的正确处理，而室内的色彩则是以恰当的色彩关系为基础进行统一和协调的。空间的整体塑造离不开平面、立体和色彩三个方面，室内设计通过这三大构成来体现其自身的特点。

色彩在室内空间中的应用是一种视觉应用，它不仅要遵循其本身的搭配协调原理，还要依靠空间的形式结构来表现空间的存在、空间的形式与功能。一方面，空间为色彩构成奠定了物质的基础；另一方面，色彩不同的搭配也在影响和改变既有的空间视觉形式。即便是同一个色调下的室内色彩搭配，其色彩也不是单一的。此外，室内空间中的色彩不是凭空而来的，也并非简单的涂料粉刷，而是包含了众多材料肌理的综合色调的效果。

5.1 室内色彩的功能

室内设计是对建筑空间进行的二次设计，是建筑设计生活化的进一步深入，使环境能适应人的需要。它是对其构件围合的场域空间进行的再造与升华，使其能适合某一特定功能场所的需要，能符合使用者的目标要求，实现良好的人与人、人与物、物与物之间的机能营建关系，实现室内设计安全、健康、舒适的美好愿望。研究室内设计应从环境系统层面上去拓展。这一层面既有社会环境、自然环境、人物环境，也有物理环境、生理环境、心理环境、文化环境、机能环境等。只有全方位、多角度去思考它，才可使这个古老而又年轻的综合学科走上科学发展的轨道，成为一门设计科学。因此，我们又可把它理解为室内环境设计或内环境设计。

色彩作为室内环境的要素之一，是室内环境设计中的重要手段。与形状相比，色彩更能引起人的视觉反应，有唤起人的第一视觉的作用。色彩作用于人的生理和心理，对人的情绪产生影响，甚至会对人的行为以及生产活动产生影响，优秀的室内设计色彩不仅能够改善空间效果，还能提高人的工作效率。室内设计色彩与室内的空间界面以及材料、质地紧密地联系在一起，能够对室内空间以及室内环境氛围进行调节。除色彩在心理上的暗示作用及其流行趋势在美学上的可行性以外，对室内环境设计来说，通过色彩运用可创造不同的生活氛围，因此，色彩被称为空间的化妆师。因此，设计师都十分重视色彩对人的物理、生理、心理的作用，以期在室内设计中创造出富有性格、层次和美感的空间环境。

在室内环境设计中，为了使选择的色彩在设计中安排得更加合理，在选择色彩方案时，色彩可由大到小。先以大色块表示室内暂时不确定的色彩，然后辅之以面积较小的色样相配，最终挑选出最合适的色彩搭配作为室内色彩设计的方案。

现代设计师在室内设计中使用大面积明亮的色调和强烈的对比色给人以精力充沛的感觉。明亮的色彩可以激发人们的活跃性和有利于人的精神调节，而这种室内色彩设计的用色观念能动地导致现代人审美趣味的一致性。然而，在室内设计中，明亮的色彩要达到最优的视觉效果，也需要通过一定面积或范围以及色彩之间的相互作用来体现。例如，在白色或灰色的色彩背景基础上进行观察，会发现视觉效果与平时的色彩感觉差别很大。纯度高的色彩和暖色调会使物体在视觉上变大、变近，比如，红色在视觉上占据的空间要比蓝色在视觉上占据的空间更大。

色彩是空间规划中重要的一环。在选择空间色彩时，首先会考量使用者的色彩偏好，并以此凸显个人的风格品味。不过，除去个人因素，对空间设计来说，通过色彩运用可创造不同的生活氛围，甚至改变空间的明亮度，或化解空间的先天缺陷。

5.1.1　利用室内色彩改善空间效果

充分利用色彩的物理性能和色彩对人心理的影响，可在一定程度上改变空间尺度、比例，分隔、渗透空间，改善空间效果。例如，居室空间过高时，可用近感色，减弱空旷感，提高亲切感；墙面过大时，宜采用收缩色；柱子过细时，宜用浅色；柱子过粗时，宜用深色，减弱笨粗之感。色彩的纯度、明度不同，还能造成不同的空间感，可产生前进、后退、凸出、凹进的效果。明度高的暖色有凸出、前进的感觉，明度低的冷色有凹进、后退的感觉。色彩的空间感在居室布置中的作用是显而易见的。在空间狭小的房间里，用可产生后退感的颜色，使墙面显得遥远，赋予居室开阔的感觉。

如图5.1，将室内的顶面处理成深色，有后退感，浅灰色的地面和吧台、明度高的红色沙发在空间中有前进的感觉，使仰视角度更强烈，表现出空间的开阔与纵深感。

图5.1　手绘图　(作者：刘良辉)

5.1.2 考虑功能要求调节心理需求

形式和色彩服从功能，室内色彩主要应满足功能和精神要求，目的在于使人们感到舒适。每一种颜色都具有特殊的心理作用，能影响人的温度知觉、空间知觉甚至情绪。色彩的明度和纯度也会影响人们的情绪。明亮的暖色给人活泼感，深暗色给人忧郁感。白色和其他纯色组合时会使人感到活泼，而黑色则是忧郁的色彩。这种心理效应可以被有效地运用。例如，自然光不足的客厅，使用明亮的颜色，可使居室笼罩在一片亮丽的氛围中，会使人感到愉快。色彩的冷暖感起源于人们对自然界某些事物的联想。例如，红、橙、黄等暖色会使人联想到火焰、太阳，从而有温暖的感觉；绿、蓝和黄绿等冷色会使人联想到冰雪、海洋和林荫，从而感到清凉。在功能要求方面，首先应认真分析每一空间的使用性质，如儿童居室与起居室、老年人的居室与新婚夫妇的居室，由于使用对象不同或使用功能有明显区别，空间色彩的设计必须有所区别。

如图5.2，此住宅空间的整体色彩为白色与浅木色调，给人明亮而温暖的感觉，易使人心情愉悦。

图5.2 效果图 （作者：张越）

5.1.3　符合空间构图需要发挥室内色彩的美化作用

室内色彩配置必须符合空间构图原则，正确处理协调和对比、统一与变化、主体与背景的关系。在室内色彩设计时，首先要定好空间色彩的主色调。色彩的主色调在室内气氛中起主导和润色、陪衬、烘托的作用。形成室内色彩主色调的因素很多，主要有室内色彩的明度、色度、纯度和对比度。其次要处理好统一与变化的关系。有统一而无变化，达不到美的效果，因此，要求在统一的基础上求变化，这样，容易取得良好的效果。为了取得统一又有变化的效果，大面积的

色块不宜采用过分鲜艳的色彩，小面积的色块可适当提高色彩的明度和纯度。此外，室内色彩设计要体现稳定感、韵律感和节奏感。为了达到空间色彩的稳定感，常采用上轻下重的色彩关系。室内色彩的起伏变化，应形成一定的韵律和节奏感，注重色彩的规律性，切忌杂乱无章。

如图5.3，空间的顶立面以白色为主，地面为灰色，卡座区的家具选用深蓝色、深灰色、浅灰色组合，整体上采用了上轻下重的色彩关系，使得空间的色彩关系有秩序性、节奏感。

图5.3　长沙某饮品店　（摄影：陈锾焕）

5.1.4　体现个性风格

作为装饰手段，墙面色彩因能改变居室的外观与格调而受到重视。色彩不占用居室空间，不受空间结构的限制，运用方便灵活，最能体现居住者的个性风格。墙面的色彩，构成了整个房间色彩的基调，家具、照明、饰物等的色彩分布，都受到它的制约。墙面色彩的确定首先要考虑居室的朝向。南向和东向的房间，光照充足，墙面宜采用淡雅的浅蓝、浅绿等冷色调；北向或光照不足的房间，墙面应以暖色为主，如奶黄、浅橙、浅咖啡等色，不宜用过深的颜色。墙面的色彩选择要与家具的色彩、室外的环境相协调。墙面的色彩对家具起背景补托作用，若墙面色彩过于浓郁凝重，则起不到背景作用，所以宜用浅色调，不宜用过深的色彩。若室外是绿色地带，绿色光影散射进入室内，用浅紫、浅黄、浅粉等暖色装饰的墙面则会营造出一种宛如户外阳光明媚般的氛围；若室外是大片红砖或其他红色反射，则墙面以浅黄、浅棕等色装饰，可给人一种流畅的感觉。

5.1.5　民族、地区和气候条件

符合多数人的审美要求是室内设计的基本规律。但对于不同民族来说，由于生活习惯、文化传统和历史沿革不同，其审美要求也不同。因此，室内设计时，既要掌握一般规律，又要了解不同民族的特殊习惯和不同地理环境的气候条件。

5.2　色彩四角色

室内设计的最终目的就是将相互不同的视觉要素用特定的手法做出一个整体的安排，色彩设计就像是一根将室内各种不同物质要素串联在一起的线。为此，色彩在室内设计各种物件上的呈现应当力求表现出富于节奏的色彩美感。例如，在室内设计中，我们可以将色彩按照系统的原则进行安排，首先将色彩所占的空间面积进行知觉强度的分配。大面积的色彩往往由地面和墙面占据，中性的色彩面积可以放置在那些比较具有活动性的物质形态上，而小面积的色彩就要留心设置在有意让色彩起到跳跃作用的空间亮点上，这样室内空间的色彩层次就能在色彩的秩序中得到有机的统一。我们往往将室内大的色块在明度上处理得更加沉稳，而将面积较小的色块以较高的明度和纯度处理，这时小面积色彩就起到了画龙点睛的作用。那些小面积亮丽的色彩常常由室内的艺术品来承担。例如，用一幅精美的画作占据某个室内的壁面，或者用一件精美的摆设来突出小面积色彩在整个室内设计中的显著地位。

室内空间的色彩表现在地面、墙面、天花板等界面上；也体现在室内装饰和陈设上，包括家具、窗帘和各种装饰品。正确地把握色彩角色，有利于有效地组织色彩配色活动。最基本的色彩角色有四种，正确区分它们，是营造更加舒适空间色彩的基础。

主角色指的是室内空间的主体，包括构成视觉中心的大型家具、装饰织物等。它是所有颜色的

中心色，通常与其他颜色搭配。

　　配角色的视觉重要性和体积次于主角，常用于陪衬主角，使主角更加突出，通常是体积较小的家具，如沙发、椅子、茶几、床头柜等。

　　背景色通常指室内墙面、地面、天花板、门窗、地毯等大面积界面色彩，它们是室内陈设的背景颜色。背景色又称"支配色"，在空间整体配色中起着重要作用。

　　点缀色常指室内环境中最易于变化的小面积色彩，如壁挂、靠垫、植物花卉、摆设品等，往往采用强烈的色彩，常以对比色或高纯度色彩来加以表现。

5.2.1　主角色

　　主角色主要是由大型家具或一些大型室内陈设、装饰织物所形成的中等面积的色块。它在室内空间中占据最重要的地位，通常形成空间中的视觉中心。

　　主角色的选择通常有两种方式：要产生鲜明、生动的效果，则选择与背景色或者配角色呈对比的色彩；要产生整体协调、稳重的效果，则选择与背景色、配角色相近的同相色或类似色。

　　如图5.4，室内的主角色为红色，与冰冷的灰色背景色形成对比，整体空间色彩给人感觉流畅、生动。

图5.4　效果图　(作者：陈锾焕 龚闻)

5.2.2　配角色

一套家具和一系列大型室内装饰通常有不止一种颜色，除主角色的视觉中心作用外，还有一类陪衬主角色或与主角色相互呼应而产生的对比色，通常安排在主角色旁边或相关的位置，如客厅茶几、短沙发、卧室床头柜和床榻等。

为主角色衬以配角色，可令空间产生动感，活力倍增。配角色通常与主角色保持一定的色彩差异，既能突显主角色，又能丰富空间的视觉效果。

配角色与主角色一起，被称为空间的"基本色"。

如图5.5，米黄色的艺术沙发为空间的视觉中心，以地毯灰蓝色、橙黄色相间的配角色来衬托，给空间增加活力与流动感，使空间的视觉效果更加丰富。

图5.5　成都W酒店　(摄影：李冬梅)

5.2.3 背景色

背景色是指室内空间中大块面积的表面颜色，如墙面、地板、天花板和大面积的隔断等。

即使同一套家具，如果背景色不同，给人的感觉也会大不相同。背景色实际上支配了整个空间效果，因为它具有绝对的面积优势。因此，墙面颜色作为背景颜色的代表，往往是家居配色的首选。

空间背景色大多为柔和的色调，形成一个易于协调的背景。如果使用亮丽的背景色，则会给人一种活跃的、热烈的感觉。

地面色彩在室内设计中的处理方式多样。例如，可以直接裸露地板，或者给地面铺上地毯作装饰。在整个室内设计中，对于色彩的考虑必须掌握一个基本原则，就是色彩的稳定性和沉着性。为了达到这一要求，必须掌握色彩低明度和低纯度的配置原则。

室内墙面色彩的设计以浅色和中性色调最为合适，因为比起地面、天花板，人的视线要更多地接触墙面，而地面、墙面、天花板的色彩自然会形成一种色彩空间层次和节奏感。中性或偏亮的墙面色调有利于装饰室内艺术品，也可避免墙面色彩与这些艺术品及其家具色彩相互冲突。

虽然天花板的色彩配置并没有直接影响人们的视线，但是它偏大的面积和封闭空间的效果使得它的色彩调性在整个室内色彩设计中起到了至关重要的作用。为了使整个室内设计的色彩达到高度统一，天花板上的色彩应以浅色为主，这不仅有利于视觉上的空间感扩展，也有利于反射光线。

除此之外，在后现代设计观念的影响下，色彩的设计更加趋于自由多变，设计师们可以充分发挥自己的想象力，在室内色彩能够恰当表现室内主体物的前提下，其他一切承载色彩的室内物体都可以进行色彩的任意组合。这样的色彩设计结果和过去的室内色彩相比更加自由洒脱。在色彩协调的基础上，可以将室内各种色彩的配置进行自由搭配，如墙面、地面、天花板、木质家具以及窗外景观等视觉要素(见图5.6)。

5.2.4 点缀色

点缀色是指室内小型的、易于变化的物体的颜色，如灯具、织物、植物、艺术品和其他软装饰的颜色。

通常使用点缀色来打破单调的整体效果，因此如果选择过于接近背景的颜色，就不一定能达到理想的效果。为营造生动的空间氛围，应选用较亮的颜色作为点缀色。少数情况下，为了营造低调柔和的色彩氛围，可选用与背景色调相近的装饰色。

在不同的空间位置上，对于点缀色而言，主角色、配角色、背景色都可能是它的背景。

如图5.7，室内的色彩以白色、浅木色调为主，以一棵绿植作为点缀形成视觉中心效果，打破了单调的整体空间色彩效果，营造出生动、活泼的空间氛围。

图5.6　效果图　(作者：雷永旺)

图5.7　美的M+书屋　(摄影：黄碧玲)

5.3 色彩与光环境

现代室内色彩设计十分注重室内光线的布置，利用最经济实惠的太阳光是室内设计的首选，只要能合理地将其引入室内就不需要任何多余的花费。但是，人们生活环境越来越复杂，常常需要人工照明加以补充。在大空间的办公室、采光不佳的居室，靠侧窗采光难以满足房屋深处的照明，这种情况下就要采用灯光来补充阳光的不足。在许多空间，甚至完全用人工照明代替天然采光，比如地下商业街、地下铁道等阳光无法进入的空间。

5.3.1 天然光

光既是视觉获取外界信息的媒介，又是直接接触的辐射能量。

人类获取外界信息大部分是通过视觉完成的，而视觉接收外界信息，必须具备光环境条件。人眼中的锥体细胞与杆体细胞分别在不同等级的明暗环境中才能正常发挥作用。锥体细胞具有辨色能力，但是必须具备明亮的环境条件；杆体细胞具有在暗色环境辨别有无物体的能力，在亮度到达一定程度时，杆体细胞发挥作用，这就是所谓的暗视觉。当临近傍晚时观赏景物，从色彩模糊到昏黑一片这段光量感觉的变化，就恰好表现出亮度的变化。

天然采光，因季节、所处地域及云量多少，变化很大。由于地球与太阳相距甚远，可以认为太阳光是平行地照射到地球上的。太阳光穿过大气层，一部分直接照射到地球，这部分称为直射光；另一部分碰到大气层中的大气颗粒物，产生多次反射，形成天空扩散光，全云天时只有天空扩散光。晴天，室外天然光由太阳直射光与天空扩散光两部分组成。它们的变化取决于云量的多少和厚薄，以及是否遮住太阳。

晴天，是指天空无云或少云(云量为0～3级)。云量划分为0～10级，天空总面积被划分为10等份，其中被云遮住的份数就是云量。

全云天，是天空全部被云遮盖，完全看不到太阳，室外没有直射阳光，也无阴影。

扩散光的强弱一方面标志着云层的厚薄，另一方面也表现出空气的污染程度。

上述室外天然光的状态透过窗口直接进入室内，就构成了室内天然采光。很显然天然采光是不稳定的，是随着室外天然光的变化而变化的。但无论如何，天然光仍然是室内采光的基础，人们在从事室内设计时需充分利用天然光资源，以提供较理想的光环境。

一般建筑物，不论平房、多层或高层，其室内天然采光主要靠侧窗。侧窗可以是房间一侧或几侧开口而形成的采光口。根据室内采光或光环境的需要，一般窗台设置于0.80～1.00m高处，也有提高到2.00m以上而形成高侧窗的；或者直接落地为窗形成落地窗。侧窗的窗口可以是矩形、正方形、圆形甚至是异形窗。窗口大小、形式的不同会直接影响室内采光效果。就采光量来说，采光口面积相等，窗底标高一致时，正方形窗口采光量最高；竖向矩形次之；横向矩形最少。从光照均匀性来看，竖向矩形窗在房间进深方向均匀性好，横向矩形窗在房间开间方向比较均匀；而正方形窗居中。当层高较高，而房间窄而深时，宜选用竖向矩形窗；相反，层高较低，宽而浅的房间宜选用横向矩形窗。窗形不同、位置高低不同直接影响光照的均匀性，影响房间横向采光均匀性的主要因素是窗间墙。窗间墙越宽，横向均匀性越差，特别是靠近外墙处，明暗变化十分突出。

临窗部分光照比较强，而远离外窗的深处，或进深较大的内墙处，光照较弱，形成暗区，这种采光的不均匀性，仅靠天然采光是难以克服的。因此可以借助合理布设的人工灯光照明，来补充天然光的不足，达到比较均匀的光照效果，创造理想的光环境(见图5.8)。

图5.8　效果图　(作者：刘敦凤)

5.3.2　人工照明

从光环境需要来看，室内光线不仅要求光线均匀，还应避免过强、过弱、反差过大的眩光，光线宜柔和含蓄，不宜频繁变化。稳定的光照才能产生正确的色彩感觉，也才能发挥色彩的各种性能。

1. 人工照明的意义

室外照度的变化幅度，直接影响室内照度变化的均匀性，从这里可以看出人工照明对室内照明补充的必要性和实用意义。

第一，人工照明可以补充天然采光的不足。有些空间或者某一空间深处，天然光无法达到，这就只能依赖人工灯光来照明，主要采用各种形态的照明灯具来实现。

第二，天然采光受自然环境条件变化的影响较大，非常不稳定。在夜间则无法利用天然采光，因而需完全依赖人工照明。

第三，人工照明是可控照明，完全可以按人的意愿去设计和布设灯具、控制照度，达到理想均匀的效果。

第四，人工照明在某些公共建筑领域的主要目的已不局限于"照明"，而是通过灯光创造某种特殊的光环境效果。譬如公共建筑的共享大厅、会客厅、歌舞厅、会议厅等，已将照明、光环境设计和空间艺术效果融为一体，成为现代室内设计的重要组成部分。

2. 照明质量

灯光照明并非随意布置就可以满足质量要求，必须经过科学的分析和计算，甚至经过模拟实验取得可靠的依据，才能运用于实际光环境设计。

照明质量和灯具选择直接影响光环境，照明质量由照明水平、照明均匀度、亮度分布、光的方向性、是否有眩光以及显色性等诸多因素决定，并且用视觉效能和视觉舒适感评价的照明技术指标中，人们的主观视觉评价居于主导地位。

照明水平指工作面上的照度值，由视觉工作条件决定，各个国家的照明标准都有明确规定。

表5.1为民用建筑各类房间照明照度推荐值。

表5.1　民用建筑各类房间照明照度推荐值

照度(lx)	居住建筑		科教办公建筑		医疗建筑		商业建筑		影剧院	礼堂建筑
						房间名称				
5	厕所、盥洗室	-	厕所、盥洗室、楼梯间	-	厕所、盥洗室、楼梯间	监护病房、夜间照明	厕所、更衣室、热水间	-	-	倒片室
10	-	卧室、婴儿哺乳室	走道、小门厅	-	病房、健身房	污物处理间、更衣室、走道	浴池、旅馆、客房、售票房、照相馆、营业厅	楼梯间、冷库、散座(浴池)、库房	厕所、楼梯间、走道	-
15	起居室、餐室厨房	-								
20	-		食堂厨房、科研机构的大门厅、图书馆书库		化疗室	太平间		大门厅、副食店、厨房、制作间、小吃店	放映室、电梯厅、衣帽厅	-
30	单身宿舍、活动室、医务室	-	空调机室、调压室	校办工厂(非专业化一般加工车间)		动物室、血库、保健室、病案室				
50	-		办公室、会议室	录像编辑室	理疗室、扫描室、麻醉室、候诊室	解剖室、化验室、药房、护士站、门诊、挂号、办公室	大餐厅、修理商店、菜市场、洗染店	百货商店、书店、服装商店等大售货厅	美工室、排练厅、休息厅、会议厅	转播室、化妆室、观众厅、录音室
75			教室、实验室、教研室、阅览室、报告厅	磁带磁盘间、穿孔间、设计室、绘图室、打字室						
100			电子计算机房、体育馆(无专业院校)	电子计算机室、电镜室	色谱室、电镜室	加速器治疗室、手术室、电子计算机X射线扫描室	银行出纳厅、邮电局营业厅、理发室	字画店		报告厅、接待厅、小宴会厅、大门厅
150			-		-	-	-	-	大宴会厅	
200			-						-	
300										
500										大会堂国际会议厅

室内照明还应具有良好的均匀度，即在给定的工作面上的最低照度与室内平均照度之比不能过于悬殊，越接近平均值，其均匀度越好。光照是否均匀，和亮度分布直接相关。通常人们观察物体时，注意的中心是视野内最亮的部分，这部分最亮，具有夺目性。

在光环境设计中常常利用光的方向特性，使定向光线与漫射光线同时照射到物体上，这样可产生更为突出的立体效果。在摄影活动中常常兼用定向光与背景光，就是为了显示更好的立体造型(见图5.9)。

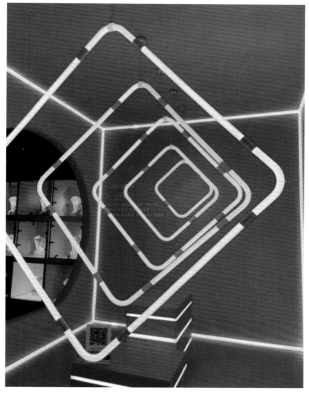

图5.9　2020年广州设计周展览　(摄影：陈镘焕)

5.3.3　光的显色性

现代光环境设计十分注意光的显色性。同一颜色的物体，在不同光谱组成的照明光源照射下，可显现出不同的颜色，这种现象被称为光的显色性。光的显色性的选择是按人们的心理需求来决定的，特别是在舞台、电视演播厅的设计或陈列展览橱窗的设计中，显色性的运用十分普遍。在照明设计中必须十分注意照明光色与物体表面色的关系，不同光源按其颜色感观效果可分为三组，表5.2(a)表示各组相对应的相关色温。

表5.2(a)　光源(灯)的颜色外观效果

相关色温	颜色外观效果
>5000K	冷
3300～5000K	中间
<3300K	暖

光源的显色效果与照度水平有关。实验表明，在低照度时，往往用低色温光源(如白炽灯)较好；随着照度的增加，光源的色温也应该提高。表5.2(b)说明观察者在不同照度下，对光的不同颜色外观效果的综合印象。

表5.2(b)　不同照度下光的颜色外观效果

照度(lx)	光的颜色外观效果		
	暖	中间	冷
≤500	舒适	中等	冷
500～1000 1000～2000 2000～3000	刺激	舒适	中等
≥3000	不自然	刺激	舒适

表5.2(c)说明光源显色性分组，即显色指数范围及其外观感受和实际应用。

表5.2(c)　光源显色性分组及适用范围

显色性分组	显色指数范围	颜色外观	用途举例
1	Ra≥85	冷	纺织、油漆、印刷厂
		中间	商店、医院
		暖	住宅、旅馆、餐厅
2	70≤Ra<85	冷	办公室、学校
		中间	精密工业
		暖	
3	Ra<70，但具有对一般工作室内部能接受的显色特性	-	对于显色性要求并不非常高的房间
特殊	具有异常显色性的灯		特殊用途

灯具造型在室内设计中也受到广泛关注，灯具不仅影响照明效果，同时也是室内空间艺术构成的重要因素，灯具造型和灯具布设是室内设计的重要内容。常需要花费很大精力去选择或设计灯具，有时分散布设，有时集中布设；有时明装，有时暗设。室内设计师用不同方法进行室内照明灯具及布设的设计，将照度、光环境与室内艺术造型融为一体。

这些不同的室内环境，其功能要求是不同的，因而其照明灯具的设计也不相同。如办公室、学校、商店、报告厅往往突出照度要求，强调照度的均匀性和照度水平，大多采用均布设置灯具，或明装或暗藏；在家庭、旅馆客房，则强调定点定向照明；在共享空间，如宴会厅、交谊厅、会客厅，则多突显灯具，将灯具作为空间的视觉焦点来设计。像舞厅、演播厅，则需要另一种特殊的光环境设计，在这里强调的是光环境效果，采用的是特殊灯具，人们不是欣赏灯具造型，而是要求灯具的技术性能的充分发挥；也不要求适度的均匀性，而是强调灯光的节奏和韵律。

室内用色要考虑必要的显色照度，天然光能较准确地显色，而人工照明则经常受到光源的颜色影响，所以在天然光与人工光同时使用的室内空间，应使人工光的颜色及其显色性与天然光调和，并且在无天然光时也能为人们所接受。一般中间色的灯光常被认为是较合适的。当然，灯光的选择还受到房间内部功能和类型的影响，并且在一定程度上与房间的使用时间有关。表5.3展示了不同光源对色彩的影响。

表5.3　人工光源对暖色和冷色所产生的影响

色彩	冷光荧光灯	3500K白光荧光灯	柔白光荧光灯	白炽灯
暖色：红、橙、黄	能把暖色冲浅或使之变灰	能使暖色暗淡，会使一般浅淡的色彩及淡黄色稍带黄绿	能使任何鲜艳的冷色或暖色看上去更为有力	能加重所有暖色，使之看上去鲜明
冷色：蓝、绿、紫	能使冷色成分加重	能使冷色带灰，但能使其中所含的绿色成分加强	能将清浅的色彩和浅蓝、浅绿冲淡，使蓝色及紫色罩上一层粉红	会使一切淡色、冷色暗淡及带灰

　　室内设计中对光线的强调是根据室内色彩审美的需要而预先想象出来的，尤其是色彩设计的经验和方法使我们预先知道冷色色光可以对蓝紫色、蓝色、蓝绿色和绿色加以强调性运用，反之，要想获得暖色色光效果，就可以加强对黄色、橙色、红色、红紫色的视觉效果的强调。然而，冷色调和暖色调相互并用时要格外小心，以防彼此之间色性的对立而破坏了室内优美色调的产生。此外，室内白炽光线也能对室内物体笼罩一层淡淡的、隐约的暖色光。有时为了室内照明的需要，全光谱色色光可模仿阳光产生明亮的视觉效果。为了取得色彩的平衡，冷暖色彩的灯光都能在相互结合中对比使用。然而，在某些情况下，平衡并不是必要的，这要看室内设计对人的使用价值的定位点究竟如何，有时冷静的白光能够渲染出室内空间的稳重色调，而暖色调最适合人的甜蜜心情的需要。

　　如图5.10，运用白炽光线，与空间的木色、白色色调搭配，使得图书室的设计简洁大方、沉稳明亮。

▪ 图5.10　美的M+书屋　(摄影：黄碧玲)

　　如图5.11，室内以暖黄色的灯光与木色调的材质搭配，渲染了温馨、浪漫的居家氛围。

图5.11　效果图　（作者：林飘怡）

5.4　室内装饰材料与色彩

　　随着现代科学技术的快速发展与社会经济的繁荣进步，装饰材料的开发和生产获得了广阔的发展空间。装饰材料作为界定空间、装饰空间的物质，不仅其实用内容得到了扩展，其视觉审美内容和文化内涵也得到了扩展。在室内设计中应用色彩软装饰材料，可以使得装饰材料更加多元化，使得室内环境设计更加具有档次感。室内设计中的色彩必须通过各种装饰材料来实现，材料是色彩得以展示的媒介。装饰材料与色彩的应用为创造一个优美的室内环境打下了重要的基础，同时色彩也是室内主题环境、主人品位的直接反映。装饰材料中有各种各样的色彩，从大致类别上可以划分为木材、竹材、石材、金属、胶合材料、陶瓷、塑料、玻璃、墙纸、织物等；从质感上又可以分为硬质(石材、金属、木材等)和软质(地毯、壁纸)等。装饰的类型有室内墙、地面、厨具、卫浴、室内辅助设计、照明、五金配件等，这些不同类型的装饰可以帮助构成不同的室内设计风格，加上色彩的适当选择可以达到更加理想的装饰效果。现代室内设计除满足使用功能要求外，形式美的设计已不仅仅停留在造型上，色彩与材料表面质地的多样性与丰富性，给视觉带来的审美与社会心理影响，逐渐成为设计关注的焦点。因此，合理恰当、灵活有效地应用装饰材料与色彩来体现设计构思、完成特定空间的意境创造，已处于当今室内设计的重要位置。

下面通过室内装饰材料色彩与室内环境之间关系的分析来简要说明装饰材料色彩的具体应用。

5.4.1　自然色彩与人工色彩分析

室内装饰材料的色彩必须附着于材料上，以光源来辅助体现。材料的色彩一般分为自然色彩与人工色彩两种不同的类型。在应用的过程中，自然色彩指的是装饰材料自身具有的颜色，这种色彩是材料自身自然特征的表现，常见的有木材、石材、竹材等自然材料，在使用这些材料时，应避免人为地二次加工，尽量保持材料天然的本色。要获得室内装饰材料的人工色彩，需以材料的自然色彩为基础，对其进行深度加工，以满足室内装饰材料的色彩要求。人工色彩因其丰富的表现形式而被广泛应用于装饰设计中，并表现出良好的效果。室内装饰材料中，人工色彩可以很好地弥补天然色彩的不足，并对其加以有效地改善，从而提高室内设计整体的档次感(见图5.12)。

图5.12　左：自然材质　右：人工材质

5.4.2 不同材料的色调分析

室内各种装饰材料的色彩搭配构成了室内环境色彩，不同装饰材料体现的色彩调性不同。其中木材装饰材料是介于冷暖之间的中性材料，广泛应用于室内的地板或者墙面的铺设，如图5.13，在书房室内白色的顶棚上增添木材的装饰，能够起到调和作用，形成中性色调，再搭配颜色淡雅的家具，使得整个空间的色调清爽明快。而纺织品等材料在室内装饰中体现出的色调会相对温暖，与木材质相搭配易形成温馨柔和的室内氛围。金属、玻璃等材质使色彩调性较为冰冷，金属与玻璃材质的搭配运用，能够呈现出通透、流畅的科技感与现代感。然而，我们在进行材料选择的过程中，为了营造不同特色与风格的空间环境，一般需要不同的材料搭配组合，但要注意避免在室内设计中有过多的材料色彩搭配，应保持各材质色彩之间的对比协调。

图5.13　效果图　(作者：刘欣)

5.4.3　不同肌理带来的色彩变化

装饰材质的表面存在不同的或粗糙或平滑的纹理变化，其材料表面展现出的各种现象即肌理。材质的肌理依靠对光线的反射角度来影响色彩倾向。

例如，表面粗糙的白色陶瓷与表面光滑的白色瓷砖对比，其视觉上呈现出的色彩感觉是全然不同的，粗糙的陶瓷表面会降低白色的明度，而光滑的陶瓷表面提升了其明度。同一种木材，抛光后的色彩更加明亮，抛光前的色彩比较黯淡。粗糙的肌理由于表面的不规则，对光线会有一定的遮挡，从而产生一部分阴影，部分色彩无法从表面直达，使得材料的色彩明度降低。混凝土和陶土等材料因为表面粗糙，会形成阴影，易对视觉效果产生影响。

表面肌理为绒毛的材料会影响光线进入人的视觉的角度。在同一环境中，物体的颜色随着观察角度的不同，所呈现出的色彩感觉也不同。光照方向与视觉方向改变，色彩感觉也会随之改变。如灯芯绒、天鹅绒这类材质，倒毛看和顺毛看，色彩明显有差别。这种现象归因于视觉的方向和角度的不同，发生的色彩感知改变。

表面光滑的材料，在充足的光线下，因为光线的反射作用，会显现明显的高光。随着反射光线数量的增加，光滑的表面就会形成镜面。例如，金属材质经过抛光打磨后，其表面的光泽感、反光度等肌理效果具有强烈的视觉效果。现代家具中常用到的合金门把手，经抛光打磨之后保存了一般金属的厚重感，呈现出简约而时尚的科技感。

5.4.4　物理属性带来的色彩变化

室内设计中，颜色主要作用于涂料、织物、陶瓷、木材、石材、金属和玻璃。

涂料表面大多光滑，多用于墙面，主要作为空间背景色；织物表面粗糙，多用于窗帘、地毯等，主要作为空间主体色；陶瓷表面光滑，用于地面铺装；木材表面大多光滑，可制作门窗、书架等。

每种材料都有其物理属性，而这些物理属性可以对色彩造成影响。

首先是对于光的反射值方面，不同材料对于光的反射值不同，对色彩的吸收度也不同，相同的颜色作用于不同材质上表现出的色彩属性有很大的差异。光线射到非常光滑的不透明材料，如玻璃镜、抛光的金属等表面时，就会发生镜面反射；光线射到粗糙、无光泽的材料，如混凝土、砖墙等表面时，将形成漫反射。在以上七种材料当中，色彩反射值最大的是光滑的玻璃制品和抛光后的金属制品，光在此类材料上会发生投射，色彩作用于此类材质的物体上，会对周围的环境也产生影响。色彩反射值最小的是织物，即使是同一种纯度的红色，玻璃与金属的光滑表面也会让人的视觉感受到更强烈的冲击和刺激，而作用在织物上则要柔和得多。

其次，材质本身的耐久度也是影响色彩的一个关键因素，材料的属性对于色彩的持久度有重要的影响。这要求设计者在选用不同材质和色彩相搭配的时候，要考虑持续一段时间以后色彩会呈现的色彩属性。在室内设计中经常用到木材，色彩作用于木材上基本分为混油和清油两类。清油相对于混油来说色彩倾向要稳定一些，混油要考虑到木材受到温度和湿度的影响，色彩会产生一些变化，比如白色的混油木制品，由于受到阳光照射，一般会渐渐地倾向于黄色。石膏类的材料在一定时间以后，会导致涂刷在表面的色彩黯淡无光。而天然织物这类材质，如果保养得当，色彩就能拥有很好的持久度。这些材质物理属性中的变量都是设计者在设计之初应该考虑到的因素。

最后，材质对于人的心理影响也关系着色彩属性的选择。通透性较好的玻璃材料使空间具有流通性，并带给人纯洁而干净的情感体验。石材类、陶瓷类及亚光金属类材料，由于给人坚硬、冰冷、沉重的心理感受，所以一般会削弱空间的开放性，但会加强空间的稳定性。而木材因其天然的生命力常给人一种温暖的感觉，搭配没有上过漆的天然实木质感，让人感到舒服与放松。在选用这些材料的时候，需要根据其物理属性来选择色彩，尽量使材质的色彩倾向与空间所要营造的氛围相协调。图5.14为某品牌智慧家居体验馆中的厨房展示空间，室内空间选用了不锈钢、玻璃、岩板等材质，来体现空间的时尚、科技感，同时家具搭配了少量的木材质，用来中和空间的调性。

图5.14　效果图　(作者：陈锾焕)

5.5　绿色设计表现

20世纪80年代末，国际上出现一种新型设计潮流，即绿色设计。绿色设计与环保设计、生态设计、环境设计理念相同，都是对现代大批量生产以及工业化所带来的负面影响的反思，如大批量的资源浪费、工业垃圾堆积等。工业化时代所产生的垃圾几乎是几个世纪以来的成倍数量。进入信息时代之后，此类问题也并未得到解决，绿色设计诞生于此时便是对生态遭到破坏进行的反思，同时也体现了设计师职业道德与社会责任感的提升。

绿色设计不是单一的某一种设计风格，更不是某种技术层面的革新，它是一个体系甚至是一个概念、一个方向，主要体现在以下几方面。

(1) 绿色设计是一种简约设计，用最少的材料、最简洁的设计等方式延长产品使用寿命，以原始的样貌还原其绿色的本质。它斥责商业化的"商品的有计划废止制"，认为这是造成资源浪费的一大原因。

(2) 绿色设计是一种循环设计，它考虑产品的整个生命周期，在设计之初就考虑好产品的可拆卸性、可回收性、可维护性、可重复利用性等。

(3) 绿色设计是一种再创造设计，其设计手法主要在模块化设计和循环设计上体现，通过把产品分区域设计或者把可回收材料与不可回收材料进行区分，达到方便产品零件拆分、维修以及分类回收的目的。在设计之初就考虑到整体产品的每个零件的使用寿命及其回收的方式，还考虑了回收之后通过何种方式进行再次设计从而投入市场等。

(4) 绿色设计是一种应用科技创新的设计。绿色设计主要包括绿色材料、新型材料的创造，使产品的可拆卸性及回收性增强。科学地掌握与了解材料的性能，并正确地选择材料，会对改造材料起到很重要的作用。

(5) 绿色设计主张使用可再生材料。资源浪费、垃圾堆积的原因之一便是材料的不可回收，例如不可分解的塑料类制品、无法循环利用的陶瓷制品等。大量使用不可回收的材料，只能增加垃圾的堆积数量。绿色设计主张在不影响其基本功能、使用寿命与用户体验的前提下，尽量使用天然环保、易循环并且可再生的材料，做到无毒、无害、无污染、无放射性等。产品的可拆卸性可以极大地增加产品的使用寿命，整体产品无法使用时，可以将其拆卸，将零部件进行再次设计，从而投入到正常使用当中，尽量在设计之初为每个部件设计其特有功能，这样会加大产品的多功能性，从而提高使用效率。同时，可拆卸产品将可回收部分与不可回收部分分开设计，在很大程度上加强了产品的可回收性。如图5.15，该设计用绿草地铺满了整个展台，来衬托白色的卫生间家具产品，体现了产品的绿色环保，营造了舒适、自然、纯净的氛围，增加了消费者的购买欲望。

图5.15　2021年广州设计周展览　(摄影：陈锾焕)

| 第6章 |

空间配色类型

色彩在室内设计中起到营造空间氛围的作用，其原因在于色彩能透过人的视觉而产生与之对应的心理效果，从而影响人们对空间氛围的认识。色彩的无意识心理效应是指人类对色彩产生的先天性的心理效应，是一种从祖先那里遗传下来的生理反应。例如，色彩可以让人产生冷暖、轻重、强弱、大小、远近等的心理感受。这些反应是不经过思考的本能，但也是最不能忽视的。

6.1 色相型配色

色彩构成(Interaction of color)，可以被理解成颜色的功能，它基于颜色的科学系统，与人类的感官和心理学原理相一致。配色分为三大要素：光学要素(色相、明度、纯度)、存在条件(面积、形状、肌理、位置)、心理因素(冷暖、进退、轻重、软硬、朴素与华丽)，在设计时要运用逻辑思维，选择合适的色彩搭配，产生合适的色彩构成。最好的配色范例就是自然界中的颜色，我们观察自然界中的色彩，通过理性的提炼最终得到我们想要的颜色。

色彩的构成并不是一种只能意会而无法言传的东西，它有自己的理论。日常生活中所观察到的色彩主要受心理因素影响，即心理色彩视觉的形成。

在居室空间中，很少只采用单一色相配色，通常会加入其他色相，以达到传达情感、营造气氛的效果。简单来说，色相型配色是色相组合的问题。

在色相环上相距较远的色相组合，对比强烈，形成明快活泼的感觉；距离较近的色相组合，形成稳定、内敛的感觉。

根据色相的位置关系，可以将配色分成四个类别，分别是同相型·类似型配色、对决型·准对决型配色、三角型·四角型配色和全相型配色。不同色相型对氛围的影响具有很大的区别(见图6.1、图6.2、图6.3和图6.4)。

图6.1 同相型·类似型配色——稳重、沉着

图6.2 对决型·准对决型配色——强力、可靠

图6.3 三角型·四角型配色——自由、舒畅

图6.4 全相型配色——开放、华丽

色调表现了魅力的强度,色相体现了开放性和封闭性。在色彩搭配中,依据颜色类型的闭合程度和开放程度,可以将配色分成三种类型,最封闭的为同相型,最开放的为全相型,而对决型则介于封闭和开放之间,是一种有约束性的开放,体现了不浪费的感觉。

在室内空间中,较大面积的色彩有主角色、配角色、背景色三种,空间的色相型主要取决于以上三个角色之间的色相关系。在决定色相类型时,通常以主角色为中心来选择其他角色的色相。有时也会以背景色为基础进行选择。

6.1.1 同相型·类似型

相近色相,表现稳重的同时,也可以表现闭锁、执着的感觉。

如图6.5所示,同相型配色具有固定性。在很小的区域里,相同类型的色彩搭配,表现出强烈的执着。

完全采用同一色相内的色彩进行配色,称为同相型;用相邻的类似色配色,称为类似型。两者都能产生稳重、平静的感觉,但在印象上存在差距。

同相型在相同的色相中界定,有很强的执着感和人为色彩,是一种封闭的、对外界事物排斥的类型,让人充满了想象(见图6.6)。

图6.5　效果图　(作者：陈锾焕)

图6.6　效果图　(作者：陈锾焕)

　　类似型尽管也属于内凹颜色，但是颜色上的差异略有扩大，使得效果更加自然(如图6.7中绿色与黄橙色配色)。与同相型相比较，类似型的颜色振幅增加，更加自然和舒展。

图6.7　效果图　(作者：刘欣)

　　类似型比同相型的色相幅度有所扩大，以24色相环为例，4份左右为类似型的标准，如同属暖色或冷色范围，而8份的差距也可视为类似型(见图6.8)。

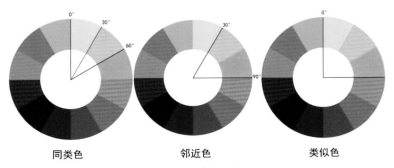

同类色　　　　　　　邻近色　　　　　　　类似色

图6.8　色相环

色相型对配色印象有一定的影响，不同的色相会给人不同的视觉感受，从而产生不同的视觉诉求。因此，设计者应该了解色彩的特性、象征和色彩之间的对比效果等，合理运用色彩，给人以舒适、深刻的印象。

如图6.9所示，空间使用黄绿、绿色、蓝绿色为类似色搭配，相近的配色，能体现内敛沉着的效果。

图6.9　手绘图　（作者：胡启红）

如图6.10，原本绿色与蓝绿色配色的空间，加入黄橙色对比色后，色彩感觉变得更加丰富且开阔。

图6.10 手绘图 (作者：胡启红)

6.1.2 对决型·准对决型

对决型是色相环中两个颜色的结合，它们处于180°的相对位置，而当两个颜色接近正对时，则称为准对决型。对决型配色具有色彩差异大、对比度高、视觉冲击力强、令人印象深刻的特点(见图6.11)。

在室内色彩搭配中，对决型配色可以营造健康、活泼、华丽的氛围。在近乎纯粹色彩的情况下，呈现出充满刺激性的艳丽气氛。在室内色彩搭配中，为了追求活泼的氛围，经常会使用对决型配色。

图6.11 左：对决型 右：准对决型

准对决型配色的效果比对决型要好很多，给人一种对立和平衡的感觉。

如图6.12，对决型配色带来空间的张力和紧凑感。橙色沙发与蓝色墙面形成的对决型，达到了撞色的效果，活跃了空间的气氛，让空间不失优雅，具有张力感。

准对决型配色使紧张度降低，紧凑与平衡感共存。如图6.13，将背景色替换成绿色后，绿色背景与橙色沙发形成准对决型，使空间的紧张感降低，视觉效果也变得柔和、内敛。

图6.12　长沙宜家家居　（摄影：陈镮焕）

图6.13　长沙宜家家居　（摄影：陈镮焕）

如图6.14，蓝色石膏像为空间的配角色，其与空间的红色主色调形成准对决型，在整体平衡中产生动感。

如图6.15，配角色与空间主色成类似型配色，虽然平稳安静，但略显乏味。

图6.14　效果图　(作者：陈锾焕)

图6.15　效果图　(作者：陈锾焕)

6.1.3　三角型·四角型

红、黄、蓝三种色彩构成了色相环上的一个三角形，这就是所谓的三原色组合。这个组合很有活力。只有三种颜色均匀地分配在色相环中，才能够形成这样的平衡性。

三角型是介于对决型与全相型之间的类型，因此其效果两者兼而有之，既舒畅又锐利，还有亲切感(见图6.16)。

三角型兼具动感与均衡的特点。图6.17所示的空间中，黄、蓝色的沙发与红色地毯形成三角型，使空间充满了活力，具有动感的同时又有均衡的感觉。

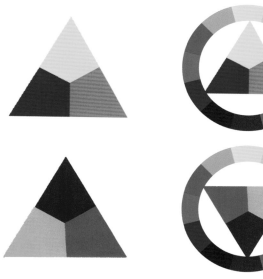

图6.16　三角型

图6.17　长沙宜家家居　(摄影：陈镀焕)

　　将两组补色交叉组合之后，便得到四角型配色。四角型配色在醒目安定的同时又具有紧凑感(见图6.18)。在一组补色对比产生的紧凑感上附加一组，是视觉冲击力最强的配色。

　　图6.19为四角型配色中的最强配色型。红与绿、橙与蓝两组对决型组合，在充满力度的同时又具有安定感和紧凑感。

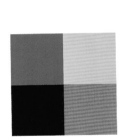

图6.18　四角型

图6.19　长沙宜家家居　(摄影：陈锾焕)

6.1.4　全相型

全相型就是用全色相来进行无差别的组合，营造一种自然开放的氛围，展现出十足的华丽感。使用的颜色越多，越能感受到自由。一般使用颜色数量若有五种或五种以上，则称为全相型。

因为全相型配色包含了色相环的主要色彩，所以形成了一种丰富的自然色彩，营造出一种生机勃勃的气氛(见图6.20)。

全相型自由无拘束。无偏重地使用全部色相后，产生自然开放的感觉，表现出节日般的华丽感。

图6.20　全相型

　　如图6.21所示，空间中的装置艺术采用了多种色彩组合，形成了全相型配色，且空间的色彩配比较为均衡，产生自然开放的感觉，体现了室内空间的大气、华丽、自由感。

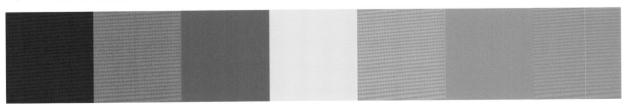

图6.21　2021年广州设计周展览　(摄影：陈锾焕)

配置全相型色彩时，要尽量使色相在色相环上的位置没有偏斜，如果偏斜太多，就会变成对决型或类似型。

当色相有所偏重的时候，就无法营造出节日的氛围。对于全相型来说，无论什么色调，都会给人一种开阔和放松的感觉。甚至浑浊的颜色，或者搭配上黑色，都不会让人感觉到沉闷。

如图6.22所示，空间中的全相型配色将色彩自由排列，展现出儿童游乐场活泼、梦幻、无拘无束的感觉。

在居住空间内，除儿童房之外，对于抱枕这样的点缀色，也常采用全相型配色来制造气氛。

图6.22 某商场熊利梦幻王国 (摄影：陈镘焕)

6.2 色调型配色

色调兼顾了明度与纯度，它根据色彩的明度与纯度来表示色彩的状态，如明亮色调、强烈色调和暗色调等。空间中运用多种色调的搭配会产生不同的效果和感受。

6.2.1 组合多种色调

如果空间中只采用一种色调的颜色，一定会给人一种枯燥无味的印象。同时，单色的搭配方法也会在很大程度上制约色彩的多样性。

通常空间是以一种色调为主色调，另外一种色调为辅色，而辅色往往使用明亮、浓重的纯色或强烈的色调来构成自然、丰富的感觉。

相似色调容易产生单调感，如图6.23(a)所示，整个室内的色彩为绿色调，其色调均处于浊色区，给人一种封闭、单调的感觉。

图6.23(a)　2021年广州设计周展览　(摄影：陈锿焕)

多色调体现丰富、华美的感觉。如图6.23(b)所示，在原有的浊色调基础上搭配明亮的橙色，使得空间的层次感更加丰富、视觉效果更加强烈。明色调的床品，加上原有的浊色调色面，高雅之中有种愉快的感觉。

在营造不同的空间氛围时，需要有多种色调搭配。每种色调都有其独特的特点和优势，只要把它们精确地结合起来，就可以达到理想的色彩效果。

图6.23(b) 2021年广州设计周展览 (摄影：陈锾焕)

6.2.2 多组对比色调的组合

在色彩的组合与配置中，如果说对比是普遍的基本现象，那么调和则是伴随着对比的另一种表现形式。两者之间存在着既互相排斥、又互相依存的关系。色彩的调和实际上是分色对比同因素的妙用。

将色彩三因素自身的对比关系进行变化，可求得色的调和。在配色构成的色相、明度、纯度三个因素中，凡是有两个因素类似与接近，就可得到调和的效果；凡是有一个因素类似与接近，

而其他两个因素有不同程度的变化，就可得到有一定变化的调和；如果三个因素都缺少共性，那么配色是很难取得调和的。应利用色彩二要素间的强弱变化关系，自然而巧妙地取得色彩的调和。

在色彩关系中增强共性因素，也可使配色趋向统一。如各色中都混入同一种色相(如无彩色的黑、白、灰)，使色彩之间产生内在的联系，可增加共性，取得调和；如各色之间插入双方都

带有邻近关系的色，或与同一色相反复出现，使色彩之间产生互相联系的因素，也可得到调和；如运用无彩色黑白灰、光泽色金银等中性色也极易产生调和感；又如扩大一色(或同类色相)的面积，以占有优势的量来获得调和。

运用色环、色立体及各种色谱的结构规律，也可获得多种调和的方法。如凡在色相环中构成等边三角形或等腰三角形的三种色，都是调和的色组；同样，构成正方形、长方形、梯形、不规则四边形、五边形、六边形、八边形的色组也都可以获得调和的效果。

运用的方法：以一组色彩基调为主调，加入一至两组具有对应关系的其他色调，进行对比组合，其色彩表现效果比起单一组色调的表现更为丰富。也就是强调色调与色调间的对比效应为组合特征。

图6.24所示为明色调与暗色调的组合：对比效果表现清晰、刚强、威严、明智。

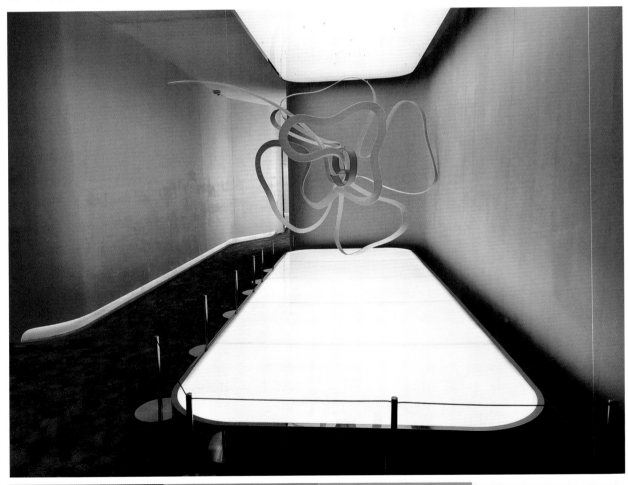

图6.24　梵克雅宝高级珠宝艺术展　(摄影：陈镕焕)

图6.25所示为纯色调与浊色调的组合：既保持色相感强的视觉冲击力，又有一定的调和效果。色调表现活泼、清亮，又具有安全感。

图6.25　效果图　(作者：陈锓焕)

纯色调与黑白色的组合：纯色、暗、亮三者并列，最为醒目、提神。纯色相对鲜明，黑白色富有力量感且安全、明智，由此组合，效果更具精悍、利落、强烈、洒脱。

如图6.26，合柴1972空间中运用红色的展示墙、白色的作品与黑色的穹顶、灰色的地板形成强烈对比，体现了空间的庄重、历史感。

图6.26　合柴1972　(摄影：夏冰洁)

6.3　表现情感与心理的配色

　　色彩具有很强的表现力，可以准确地表达不同的情感和心理感受。在配色时，首先应明确要表现的情感。

6.3.1　暖色调配色

暖色调配色是针对人对色彩的本能反应，以红色、橙色、黄色等具有温暖、热情意象的色彩为主导的配色类型。在这些色彩的基础上，添加无彩色调和得到的色彩都属于暖色调的范畴。这样的配色往往给人活泼、愉快、兴奋、亲切的感受，适用于积极、努力、健康等主题的表现。

如图6.27，室内以温暖的木色调为主，空间的天花板、墙面、地板、家具都采用了木材质，营造了一种自然、惬意、轻松的空间氛围。

图6.27　手绘图　(作者：刘良辉)

6.3.2 冷色调配色

冷色调配色与暖色调配色相反，指的是运用青色、蓝色、绿色等具有凉爽、寒冷意象的色彩的配色类型。在这些色彩的基础上添加无彩色调和得到的色彩都属于冷色调的范畴。这样的配色往往给人冷静、理智、坚定、可靠的感受，适用于商业、学习等主题的表现(见图6.28)。

图6.28　手绘图　(作者：刘良辉)

6.3.3　高调的配色

高调的配色指的是具有较高的纯度和较强的对比，给人活泼、动感、前卫、热闹等感受的配色类型，具有较强的感染力和刺激感，识别度极强，适用于健康、强力、热闹、积极、欢乐、生动、活泼、动感、激烈、强烈、青年、儿童等主题的表现。

如图6.29，空间中运用高饱和度的红色、绿色、橙色搭配，形成强烈的对比，体现出儿童服饰空间的欢快与活力。

图6.29　手绘图　(作者：李冬梅)

6.3.4 低调的配色

低调的配色指的是具有较低的纯度和较弱的对比，给人质朴、安静、低调、稳重等感受的配色类型。这种配色视觉冲击力较弱，识别度相对较低，适用于朴素、温柔、平和、内敛、踏实、萧瑟、平常、大众、亲切、自然、沉稳等主题的表现(见图6.30)。

图6.30　手绘图　(作者：李冬梅)

6.3.5　健康的配色

　　健康的配色指的是以绿色、蓝色、黄色、红色等色彩为主，结合较高的纯度和明度所组成的配色类型。这样的配色给人明快、爽朗的感受，适用于自然、健康、饮食、运动、环保、积极、乐观、天然、纯净等主题的表现(见图6.31)。

图6.31　效果图　(作者：刘欣)

6.3.6 警示的配色

警示的配色指的是以红色、橙色、黄色和黑色等色彩组成的配色类型，属强色调，具有强烈的对比效果，视觉冲击力极强，具有令人感到不安、刺激、紧张等意象，适用于危险、暴力、意外、血液、诱惑、性感等主题(见图6.32)。

图6.32　深圳市欢乐谷万圣节主题情景剧　(摄影：陈锓焕)

6.4　常见的空间配色印象

色彩印象虽然有个体差异，但在大多数情况下具有共同的审美习性，而其中隐含的规律则构成了配色印象的基础。

无论哪一种配色印象，都由许多因素综合而成，如：色调、色相、色相型、色调型、对比强度等。把这些因素按照一定的规律组织起来，就可以准确地创造出想要的配色印象。

图6.33所示为休闲、跃动的配色印象，鲜艳的、光芒四射的颜色搭配在一起，给人精神饱满和愉快的感觉。

图6.33　某商场游戏厅　(摄影：陈锾焕)

图6.34所示为精致、安静的配色印象，以灰色为基调的空间，表现出理性感，使人平静。

图6.34　效果图　(作者：陈锾焕)

6.4.1　女性的空间色彩印象

通常认为"蓝色象征男性，红色象征女性"，虽然失之偏颇，但体现了男女色彩特点。在表现女性色彩时，通常以红色、粉色等暖色为主，同时色调对比弱，过渡平稳，配色方式多变，以体现女性温柔、时尚、优雅、甜美的印象（见图6.35）。

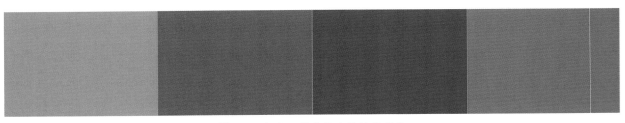

图6.35　红色、粉色是女性的代表色

温暖的红色调和中性的紫色调，都能很好地展现出女性气质。

以粉红、浅黄为主要色调，可呈现女人所追求的甜美浪漫情调。再加上白色或者合适的冷色调，会给人一种如梦如幻的感觉。

暖色调的弱色调显得优雅，略显暗淡的高明度，并带有一点混沌的暖色，可以展现成年女性的优雅和高贵。颜色的搭配要注意不能有太强烈的对比，要有一定的色彩过渡。

如图6.36，空间中的粉色略显浑浊，色相对比很小，且暖色的搭配给人一种温馨浪漫的感觉，体现出成年女性的优雅气质。

图6.36 深圳市拉菲德堡家居集团有限公司 (摄影：陈锾焕)

图6.37所示空间以粉红色为主要元素，色彩对比很少，整个画面显得轻盈淡雅，展现出女性独有的甜美浪漫气息。

图6.37　深圳市拉菲德堡家居集团有限公司　（摄影：陈锾焕）

紫色具有特别的效果，能让人联想到女性的魅力，即使是强有力的色调，也能创造出具有女性特点的氛围。

如图6.38，即便使用了冷色调，但只要使用柔和、淡雅的色彩与较弱的色彩搭配，也可以展现出女性清新、干练的气质。

对比强弱同样重要，对比强烈，看起来有力量感，有很明显的阳刚之气；相反，对比度低，会体现女性的柔美。

图6.38 卧室 (作者：深圳禾与筑设计有限公司)

6.4.2 男性的空间色彩印象

男性总是被赋予阳刚、理性和坚强的印象，而代表男性的颜色则是沉重的或冰冷的。厚重的颜色可以显示出强烈的力量感，主要以深沉和浑浊的颜色为主；而冷酷、理性、高效的感觉，则可以冷色调或黑色、灰色等无彩色来表现(见图6.39)。与棕色、褐色搭配，表现出稳重、踏实

的男性特征，与橙色、红色等暖色调搭配，更能体现男性的动感、活力和热血。

色调位置：以强色调或浑浊、暗沉的色调为主。

色相位置：以蓝色为中心的冷色色相为主。

图6.39　蓝色、灰色是男性的代表色

蓝色和黑灰等无彩色，以及厚重的暖色，具有典型的男性气质。

蓝色和灰色是展现理性男性气质必不可少的颜色，蓝色与干净的白色搭配更显干练有力，深蓝色和深灰色，给人一种高贵而又沉稳的感觉。

图6.40以冷色调的理智和冷静，再配以鲜明的明暗反差，使整个室内气氛显得严谨而坚实，独具阳刚的气质。

图6.40　卧室　(作者：深圳禾与筑设计有限公司)

深色的色调显得传统而优雅。深暗的暖色调和中性色调会给人以厚重、坚实的印象，如深茶色和深绿色。而在蓝色与灰色的组合中，加入深暗的暖色，则能传达出传统而优雅的绅士风度。

如图6.41，深沉有力的色调能传达出男性的力量感。空间里的深棕色和深咖色，虽然是暖色调，却因其深沉的颜色而呈现出一种厚重而又传统的感觉。

图6.41　效果图　(作者：刘欣)

如图6.42，暖色也能表达阳刚的感觉，用强烈的明度或者颜色的反差来营造出一种强烈的力量感和厚重的氛围。用强有力的反差来展现男性的力量感是表现男性印象的关键。

图6.42　效果图　（作者：深圳禾与筑设计有限公司）

图6.43展示了强烈的色调对比。明亮素雅的
色调能表现出女性的柔和气息。浓烈、暗沉的色
调能表现出男性的力量感。

图6.43　色调对比

6.4.3　儿童的空间色彩印象

儿童给人一种天真活泼的感觉，表现快乐童
年色彩的色相通常比较丰富，而明度与纯度较高
的配色更能营造欢快明朗的孩童氛围。儿童空间
的色调以清澈明亮为主，不含任何杂质，展现儿
童的单纯与童真(见图6.44)。全相型能表现出儿

童调皮、活泼的特点。蓝色和绿色常用于描绘男
孩，而粉红色常用于描绘女孩。

色调位置：以明度和纯度都较高的明色调为
中心。

色相位置：没有拘束的全相型。

图6.44　充满活力的儿童感配色

儿童空间的配色一般采用丰富的色相，以明、淡色调为主，强调面向儿童的配色印象。

对于婴幼儿的空间配色，要避免强烈的刺激，使他们享受到温柔的呵护。采用淡色调的肤色、粉红色、黄色等暖色基调，可以营造出温馨、幸福的氛围。

如图6.45所示空间，对于婴幼儿，可采用明快的淡色调，使配色具有温柔、呵护的感觉。

图6.45　手绘图　(作者：尹仁燕)

明色调适合少年儿童，随着年龄增长，儿童的活动能力大大增强，活泼的性格使其向往外界活动。因此采用比婴儿空间更鲜艳、更强烈的颜色，更能吸引他们。

如图6.46所示空间，红、橙、绿、蓝等颜色接近全相型，给人一种自由奔放的感觉。而这些以明色调为主的色彩，在纯净中透着明亮感，营造了充满活力的儿童空间氛围。

图6.46 某商场熊利梦幻王国 (摄影：陈镟焕)

　　浅粉色调通常为女孩的印象色，图6.47所示为一家儿童糖果店，店内商品除糖果外，还有女孩喜欢的玩具、礼品、花朵等，受众人群基本为幼年、年轻女性。

图6.47　某商场糖果店铺　(摄影：陈锾焕)

图6.48为色调的比较。左图充满混沌感的素雅配色，成人感十足；右图明亮、淡雅的色调则具有儿童印象。

图6.48 卧室 (作者：刘欣)

6.4.4 老人的空间色彩印象

老年期是一个重要而特殊的时期，和其他年龄段有着很大的区别。老年人的生理和心理都会发生变化，身体机能逐渐下降，认知能力也发生变化，心理需求也变得更加丰富和敏感，需要让老年人在生活空间中感受到色彩带来的安全感。

比如指示牌应选择具有较高纯度的色彩以作为提示，室内墙壁和地板颜色、家具颜色之间要有适当的区别，另外还要给老年人提供足够的光照。

图6.49所示空间光线充足，让老年人与大自然有更多的联系，感受到更多的安宁和放松。

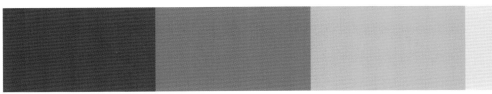

图6.49 手绘图 (作者：刘敦凤)

老年人的生活空间环境中，色彩不要用过于夸张的对比色或者过于冷淡的黑白灰，要尽量简单明确划分区域，在热闹的娱乐空间中运用丰富的色彩(见图6.50)。

图6.50　效果图　(作者：张越)

因此，在设计过程中，要充分利用色彩规律与美学原则。运用温馨舒适的色彩，既能调动老人的积极情绪，又能给老人带来温暖、舒适的感觉。

如图6.51，选用明度较低的暖黄色调来装饰室内空间，营造出一个适宜老年人生活的舒适环境。

图6.51　卧室　(作者：深圳禾与筑设计有限公司)

6.4.5　热情温暖的色彩印象

1. 色彩氛围

想营造热情温暖的居家氛围，自然会联想到红色和黄色等暖色系。红色有着高度的情绪感染力，能为居家带来活力；黄色明度高，是象征阳光的色彩，自然能散发温暖且自信的气息。

色调位置：以强、浓、暗等浓郁的色调为主。

色相位置：以暖色为中心。

使用红、黄两色时，一个空间选用一色，或者选择一面主墙来涂刷红色或黄色，其余三面墙则做留白，如此一来不仅能强调视觉效果，也可避免过于浓烈的色彩围绕产生紧张感和疲惫感。尤其是在客厅或餐厅这类长时间停留的区域，若处于亢奋情境过久，不仅会感到疲惫，也无法得到应有的休息与放松。

如图6.52，在暖色系中加入黑色降低色彩明度，能兼顾心理与生理的舒适度。

图6.52　2020前海未来城市/建筑展　(摄影：陈镘焕)

此外，若担心使用红色、黄色过于大胆，搭配有一定难度，则可以降低纯度，改为使用粉红色、嫩黄色，因为色彩变得柔和也能使情绪变得平和。想营造温暖氛围，除了使用红色、黄色，还可以使用橙色，橙色有充沛能量的色彩意义，能让人感到亲切和暖意。

2. 配色方法

(1) 选用一面主墙凸显暖色调。

红色和黄色皆属高明度与高纯度颜色，大面积涂刷在墙面会更加强调前进色效果，并引发热情与希望的感受。但如果长时间处于高纯度空间，容易产生焦虑、浮躁情绪，所以建议选择其中一面主墙涂刷，适度留出空白空间，这样能凝聚视觉焦点，凸显主墙特色，也能稳定空间，避免情绪过于亢奋。

如图6.53，明亮饱和的黄色能为空间注入活力，木质天花板和大地色砖墙的沉稳特质，可以沉淀空间氛围，缓和明黄色纯度。

图6.53　长沙宜家家居　(摄影：陈锼焕)

(2) 以紫色、橙色相近色营造温暖氛围。

若不直接使用正红色或黄色，则可以选用两者的邻近色紫色或者橙色。紫色是由红色和蓝色两种颜色混合而成的，同时带有红色的温暖和蓝色的理性，且具有稳定情绪的效果，而且相对于红、黄两色，色调较为柔和，不会过度刺激视觉。橙色也有类似作用。

如图6.54，主墙选用紫色作为主视觉，同时降低明度，加入粉色更添梦幻气息。

图6.54　某商场女卫生间休息区　(摄影：陈锾焕)

(3) 运用红色砖材铺陈强化视觉。

除了通过墙面涂刷，还可以通过材质原始的颜色与漆色相互搭配来增添色彩。其中乡村风空间经常用到陶砖、复古砖，砖材的原始色泽多为偏红色系，运用在地板上，可通过暖红色提升空间温度，仿旧的处理能降低红色对视觉的刺激。

如图6.55，粉橘色为空间主视觉，大面积使用让整体更明亮。墙面以白色做跳色，凸显视觉层次。搭配木色扶手，与隔层相近的配色，可有效延伸空间视觉。

图6.55 广州艺术博物院 （摄影：陈镁焕）

6.4.6　沉稳宁静的色彩印象

1. 色彩氛围

家是心灵的避风港，想打造宁静舒适的居家环境，要善于在空间里运用色彩属性。想营造沉稳的空间感，最好减少使用明度、纯度过高的颜色，或在纯色中加入少量的灰色，当纯度被灰色淡化后，便能呈现出更具稳重感的灰阶色调，像铁灰色、蓝灰色、灰绿色等。若不介意，可使用深色，深色系是能为空间带来沉稳感受的色系之一，尤其会让人感觉冷冰冰的蓝色、灰色等深冷色系，其具备的理性特质，能为空间注入冷静气质，可有效缓和、稳定情绪。

大面积使用冷色系虽然可以带来平静和缓的情绪感受，但若比例拿捏不得当，容易让人感觉阴郁，可以适当加入白色、浅米黄色等高明度色彩做搭配，这样不只提升明亮度，也有转移情绪的作用。明度与纯度会因加入的灰色、黑色比例的不同，呈现出不同效果：纯度、明度低的颜色，可使人产生情绪平和的感受；纯度、明度高的颜色，则使人产生愉悦、活泼的心理反应。

2. 配色方法

(1) 温和的米色系注入大地暖度。

运用象征大地土壤的米色做大面积铺陈，以淡雅色系让空间变得温暖、无压力，同时可以安定情绪，此时还可以同为自然元素的温润木素材做点缀，其中与浅木色搭配会使空间散发出宁静中带着明快的活跃气息，与深木色搭配则会拉低整体空间的明亮感，营造出更为平和的沉稳氛围。

如图6.56，床头墙面以米黄色硅藻土与木栅格铺陈，相似色延续让色彩变得柔和。搭配米色窗帘，让卧室氛围更为宁静自然。

图6.56　效果图　(作者：刘欣)

(2) 点缀带灰的粉嫩色系，增添宁静氛围。

除原本就能轻易为空间带来稳重效果的深蓝色、深灰色等深色系外，其实高明度色系同样也能为空间带来宁静氛围。例如，加入少量灰色的粉红、粉绿色系，在维持纯度的同时，稍降明度，并辅以灰色或深木色做搭配，就能减少浅色系给人的浮躁感，让空间变得稳重。

如图6.57，客厅沙发背景墙以白色为主，运用浅粉色作为点缀，同时营造清新氛围与沉静特质，相似色系的窗帘、地毯让视觉从墙面延伸至地板。

图6.57　客厅　(作者：深圳禾与筑设计有限公司)

(3) 降低纯度、明度以稳定情绪。

　　每种色系的原本成分属不同属性，若想让空间更沉稳，最好避免使用会调动情绪的红、黄色系，无纯度的灰色是可安定空间情绪的最佳色系，低明度的配色可有效稳定空间的重心，与黑色互搭可使空间散发出宁静不躁动的气息。

　　如图6.58，沙发背景墙以浅色中国画为主，并搭配深色的艺术栅格，茶几、沙发椅、地毯也采用相同的色系，有效地延展了视觉空间，搭配低明度的蓝色抱枕，冷色调营造了寂静、沉稳的氛围。

图6.58　客厅　(作者：深圳禾与筑设计有限公司)

6.4.7　疗愈清新的色彩印象

1. 色彩氛围

　　越是接近白色的明亮色彩，越能体现出"清新"的效果。具有生命力意向的色彩，最能为空间注入清新自然的气息，使其具有疗愈感，因此可直接与自然融入的大地色，或展现盎然生机的绿色，都是营造此种氛围的常见用色。这些色彩运用于空间时，非纯绿色的草绿色最受欢迎，降低纯度的草绿色，相较于纯绿色更具舒缓、排除压力的效果，同时也适用于各年龄段，且主卧或儿童房都适用。此外，稍微拉高明度的黄绿色，也是常见用色，除了色彩本身散发出的清新能量，还能带出自然的活力色调。

清新感最易与明亮感产生联系，因此明度高的粉嫩色系，是很适合用来营造清新氛围的颜色，如马卡龙鲜嫩色调的粉黄色、粉蓝色和杏桃色，能营造梦幻般的情境，进而达到疗愈心理的目的。另外，趋近于白色的极浅裸色、粉白色等颜色，也有助于营造清新感，是不想空间过白又不想使用过多颜色时的选择。搭配时，粉色系与白色是制造清爽视觉的经典配色，而一般对比色搭配容易产生强烈的视觉效果，但以明度高的粉嫩色做搭配，则可淡化对比色的尖锐感，实现聚焦目的。

2. 配色方法

(1) 草木绿赋予空间自然气息的色彩印象。

草绿色、黄绿色向来是大自然中草木新生的色系，能安抚情绪，带来疗愈生机。由于其具有高度包容性，所以能与各种色系搭配，并达到视觉上的平衡与和谐。若与黄色相衬，则可在清新中注入活力；若与大地色搭配，则能展现温暖质感，达到稳定空间的目的。

如图6.59，绿色植物嵌在侧墙，以白色吊顶辅助集中视觉，并与木元素墙面搭配，形成视觉重点，宛如森林般的配色情境，极具疗愈效果。

图6.59　疗愈空间　(作者：孙琪)

(2) 高明度的色彩为空间注入活力。

想让空间感觉清新，使用接受度高且明度高的粉彩色系是不错的选择，例如：米黄色、嫩粉色、粉绿色，这样既能避开纯色的刺激，又能利用这类色系本身具备的清透质感，为空间注入清爽氛围，心理上也很容易产生愉悦感。

(3) 宁静的蓝粉配色，沉淀空间情绪。

冷色系在属性上多属于理性色，其中蓝色更具有沉静效果，通过大面积铺陈能有效沉淀空间，安抚躁动的情绪，若想更强调疗愈感，则可选用明度较高的天空蓝。配色上除与白色搭配，也可与带灰的粉红色和粉蓝色搭配，降低鲜艳程度，营造较为轻盈的宁静氛围(见图6.60)。

图6.60　卧室　(作者：深圳禾与筑设计有限公司)

6.4.8 极简高冷的色彩印象

1. 色彩氛围

现代主义空间设计，仅通过空间线条、家具以及色彩的运用，便可形成一种没有多加缀饰，甚至大量留白的极简空间风格。在色彩运用上，除了现代风中常见的经典黑白配，明度低、不带有情绪的色彩更能传达极简空间的沉静质感。想营造极简风格，一般建议用色数量在2～3种，避免过多色彩混杂干扰视觉。

其中黑白经典配色，因黑色明度最低，白色明度最高，两色皆属于无彩色，故可形成强烈视觉对比，尤其在强调极简高冷的空间中，无纯度配色更能营造寂静、严肃的氛围。想强化清冷的视觉效果，不妨拉高白色的使用比例，提高至整体空间的80%～90%。清透的白色能让空间更轻快明亮，少量点缀黑色或铺设木质地板，则能增添温润暖度，同时稳定空间重心。此外，若觉得黑白配色太单一，可适度加入灰色，淡化黑白对比，或选择饱和度较高的红色、蓝色等高纯度颜色，少量运用能达到有效聚集视线的效果，而如此大胆地用色，能成功塑造出现代的具有都市气息的空间。

2. 配色方法

(1) 大面积的黑白配色，使空间更显清冷。

想让空间展现高冷质感，无纯度的黑白可以说是经典搭配。在配色比例上，拉高白色或黑色的比重，单一纯色的运用，可以让空间显得更加清冷；在家具的选配上，可以选用黑白配色，或利用软装为空间增添色彩元素，达到活跃视觉的目的。

如图6.61，黑色为后退色，在电视背景墙和顶面以黑色铺陈，不仅可以沉淀空间情绪，也在白色侧墙的对比下，产生向后延伸的视觉效果，无形中放大了空间。

图6.61 效果图 (作者：陈锓焕)

(2) 降低饱和的浊色，营造寂静氛围。

由于高明度和高纯度的色系能触动人的情绪，因此极简高冷的空间中，建议降低色彩饱和度，灰浊的色系更能产生质感，让空间更为沉静。但浊色的运用以小面积最佳，挑选一道主墙

涂刷即可，以避免让情绪变得更为阴郁。

如图6.62，床头深灰色主墙搭配深色床头柜、灰色床单与窗帘，以无彩色的黑白灰营造视觉层次的变化，同时架构出极简空间基调。

图6.62 效果图 (作者：刘欣)

(3) 与建材相搭，强化极简质感。

　　除色彩上的运用外，适度加入建材搭配，也可强化极简现代感，例如烤漆玻璃、铁件等材质，本身即带有冷硬质感，因此很适合应用于极简空间中。若刻意选择黑白灰等现代风经典颜色，不仅可与漆色相呼应，也可使空间更为利落有型。

　　如图6.63，白色为主的空间里，选用灰色的铁制展示柜聚焦视线，且展示柜的造型为流线型，为极简空间创造了活泼的视觉效果。

图6.63　效果图　(作者：刘帅帅)

| 第7章 |

室内色彩搭配

人在进入一个特定的空间后，七成的印象都是通过颜色来传递，进而才会去理解和认识形体。因此，在室内设计中，颜色对于人的第一印象是不可忽略的，它可以在一定程度上改变或者创造出某种风格，从而为人所接受，给人带来一种视觉上的差异和艺术的享受。如何系统、全面、正确地使用颜色，是一个迫切需要解决的问题。在解决问题的过程中，必须遵循一些基本的原理，利用色彩来营造一个和谐的室内环境，也需要一套根据色彩学、心理学、美学、设计学且经过长期实践经验总结出的基础应用原则，让色彩更好地为整个空间设计服务，以达到最佳效果。

凡高曾经说过："没有好的颜色，只有好的搭配。"这句话就是色彩在室内设计中一个重要原则的体现，这个原则就是要在合适的外部环境下做合适的搭配。不同的颜色，在不同的环境中，表现出来的效果也会有很大的差异，人类的视觉器官按照自然的生理条件，自然会对色彩有不同搭配需求。

根据空间的不同用途、运用的原则和方式，空间色彩搭配可划分为住宅空间、商业空间、公共空间三大类。其中，商业空间包括营销空间、工业厂房等；而公共空间则包括服务空间、办公空间、医疗机构、教育机构、集会空间等。下面就各个功能空间的颜色运用情况进行分析和归纳。

7.1 住宅空间配色

住宅空间的内部设计特征是这一空间的设计具有很强的个性化，而住宅空间配色的关键是要了解使用者和家庭成员的喜好和需求。在住宅空间设计中合理地运用色彩搭配能改善使用者的情绪，对使用者的成长体验产生影响。个性特征，尤其是老人或小孩在住宅中对颜色的需求，是色彩在住宅空间使用的核心依据。一般而言，设计者在运用住宅空间的颜色时，需要了解下列会对色彩产生影响的因素。

7.1.1 儿童房色彩搭配

儿童一般倾向于纯度较高的色彩，在不同的年龄，儿童对色彩的需求也不同。婴儿在刚出生的几个月里不能辨别颜色，在他们的世界里，只有黑白交替的明度。随着成长，儿童会逐渐对色彩有感知，他们最先认识的颜色是红色。在室内设计中运用色彩的时候，我们常常会给儿童提供高饱和度的色彩，但是一些有经验的设计师不再反复地将三原色用于营造儿童空间的氛围，他们觉得这样的对比太过强烈，对儿童来说并不是最好的。因为儿童在成长的过程中，会有自己的色彩喜好，应该让儿童自己去挑选颜色，这样可以帮助他们更好地发展自己的思维。

色彩能引导孩子们的行为，顽皮的孩子适合住在蓝色的环境中，而性格内向的孩子适合生活在橙色的环境中。色彩容易引起儿童的兴趣，所以在室内合理地运用色彩可以起到教育性的作用。

如图7.1，儿童房中采用高明度的粉色、绿色搭配，加上浅色的木地板，营造了浪漫、明快、轻松的空间氛围，书桌旁搭配高纯度的红色座椅作为点缀色，吸引儿童的注意力，达到促进儿童学习积极性的效果。

图7.1　卧室　(作者：深圳禾与筑设计有限公司)

7.1.2　老年人居室色彩搭配

如果一个居室里有老年人，那就应该把注意力集中在老年人的色彩需求上。老年人对色彩的喜好是独特的，其视觉特征决定了他们更容易辨认出暖色调，所以他们在接收颜色时，相对于青年人更倾向于选择温暖的颜色。因此，在给老年人设计颜色的时候，最好的色调就是暖色(见图7.2)。除色彩外，老年人还对图案有强烈的依赖性，如果被褥与地毯的图案相似，则会影响老年人对它们的识别性。而在老年人的室内生活中，图案常常充当一个重要的角色。老年人更喜欢色彩鲜艳、尺度较大的图案。在为老年人的住宅设计颜色时，必须要注意以下几点。

(1) 使用清晰的色彩，介于完全饱和度和中等纯度之间；

(2) 若使用冷色，则尝试将多种色相进行组合；

(3) 尽量避免使用纯度、明度相似的色彩；

(4) 避免在大尺寸图案上有强烈的色彩对比；

(5) 限制相似图案的数量，有选择性地使用图案。

图7.2　卧室　(作者：深圳禾与筑设计有限公司)

7.2　商业空间配色

　　商业空间的色彩应用是为商业服务的，包括营销空间、工业厂房等，而商业空间中运用色彩的原则是，利用色彩在行业内的竞争中争取消费者的喜爱。这与住宅空间色彩的不同之处在于，住宅空间的色彩是为了迎合住户个体，而商业空间的色彩是为了迎合消费者群体。但由于消费者有各自不同的生活环境和个人经历，他们的审美水平也不同，所以设计者需要用色彩的无意识心理效应来传达意图，这种无意识的心理效应对大多数人是有效且普遍的。

7.2.1 营销空间

在营销空间中，判断色彩是否能获得最佳效果的测试手段是通过实践来进行归纳的。营销场所的功能就是销售，销售成功与否在很大程度上取决于营销场所给消费者带来的心理形象。创造出符合消费者心理需要的环境有很多种，其中色彩所产生的视觉和心理冲击最为显著。

《营销设计》一书中说："展示女装的空间色彩层次多，变化也大，男性服饰往往放置在中性色的空间中。"商品陈列区的色彩是吸引消费者的首要因素，它要在短时间内获得消费者的青睐，同时也要使消费者对该品牌有一个大概的心理印象，当区域颜色看上去很贵的时候，消费者就会对它失去兴趣。选择哪种颜色取决于所要创

造的氛围，而消费者在选购体育用品时，必然会对高饱和度的颜色产生兴趣。经济学家的调查显示，高饱和度的颜色更适合低收入阶层，因此鲜艳的颜色常用于出售廉价商品的店铺。

销售空间的色彩运用，除要考虑消费者的心理外，还要考虑所出售商品的色彩搭配是否合理，假如产品本身的色彩已经足够丰富，例如布料、衣服等，那么在空间的背景色上，就要选择低饱和度的色调。如果销售的商品颜色不太多，比如工业用品或鞋类，那么在选择室内颜色时，就要选用与产品形象相匹配的颜色。如图7.3，一间男装店的墙壁、地板以明亮的中性色调为背景，这是一个很好的展示空间。

图7.3 株洲市万达广场某店铺 (摄影：陈锓焕)

画廊墙壁的白色并非一种很好的选择，虽然普遍认为白色是百搭的颜色，但当人们在欣赏画作时，常常要在深色和白色墙壁之间来回切换，这很容易让人产生厌倦感，而白色又会让人分心，从而忽视绘画中细微的色彩变化。在这种情况下，明亮度适中的暗灰色更适合作为一个美术馆的背景。

7.2.2 工业厂房

工业厂房给人的第一印象往往是"灰头土脸"。近几年来，色彩研究人员越来越关注工厂环境的色彩，在大型工厂里运用色彩可以带来很多益处：用色彩来定义工厂的生产类型，整个颜色体系给工人们带来了极大的鼓舞，且能帮助分辨工厂因的各种设备。将色彩运用于工厂，可以避免工人因长期处于一种枯燥、灰暗的环境中而产生的负面情绪。如果工厂里没有使用鲜艳的颜色，那么工业建筑就会显得更加鲜明，颜色可以用来区分管道系统、输送系统和集装箱内的各种活动。

不过，在工厂里，这样的反差并不能完全体现出来，因为在工人工作的地方，要尽量避免颜色的强烈反差，否则会影响工人的注意力，从而降低他们的工作效率和精确性。颜色应用的最好方向是，在远离工作区域的最远处，使用强烈的色彩对比来缓和工人的疲劳，且物体和设备与远方的墙壁有适当的颜色反差，以区别二者。在进行精细加工时，最好不要使用色彩对比所形成的图案。

工人身边常常环绕着噪声、高温和特别的气味，而颜色能给人带来一种有意识或无意识的心理影响，因此合理地运用色彩可以使工人的精神状态得到改善，从而减轻工人在恶劣的工作环境中产生的不良情绪。比如，当工作环境中的温度很高的时候，容易引起工人的焦躁情绪，此时选用冷色调来调温，能适当地降低工人的心理温度(见图7.4)。

图7.4　广东某工厂　(摄影：陈颖莉)

7.3 公共空间配色

7.3.1 服务空间

在服务空间，如旅馆、酒店、餐厅中，人们可以享受短暂的休闲与娱乐，而在这种空间类型中，色彩的运用更为广泛。在服务空间中，色彩的作用通常是创造出一个空间的意象，并能区分出不同区域，例如，会客区与娱乐区的颜色一定存在着巨大的差异。

1. 餐饮空间

餐饮空间包括咖啡厅、餐厅、酒吧等。在不同的室内空间中，色彩的运用标准也不尽相同，但基本上都是为了满足功能需求、营造形象、烘托食品和饮品。在餐饮环境中，灯光、功能、食欲是设计师在使用色彩时需要重点考虑的因素（见图7.5）。

图7.5　某餐厅效果图　（作者：陈颖莉）

灯光能影响餐厅里的食物色彩和人的情绪，人们一般先由视觉来判断食物的味道。从功能上看，消费者在某一区域停留的时间与颜色有很大的联系，颜色明度对比越高的地方，人的流动性越大。当消费者处在微妙的颜色组合中时，颜色的柔和对比会让人的视觉得到放松并且能看得更久。相反，太强的反差能在短期内吸引人们的注意力，但是这种注意力转瞬即逝，很容易使人感到厌倦。图7.6所示为比萨店设计效果图，主要供应快餐，客流量多少直接决定了比萨店的营业额。在点餐区运用暖黄色的灯光，与用餐区沉着的工业风格形成鲜明对比，有促进顾客消费欲望的作用，也能暗示顾客这里有较高的客流量。

图7.6　比萨店设计效果图　(作者：刘帅帅)

　　人们对食品的联想可以用颜色来表现，例如，一见到黄色，就会想起面包、玉米、苹果、番茄等。列举这个例子的目的是为了说明，当人们看见一种象征性的颜色时，就会对这种颜色所代表的食品产生强烈的欲望。这就是为什么在卖比萨的商店里经常使用红色。颜色不仅能反映在食物上，还能影响人的食欲，当人们处于不和谐的色彩环境中时，会降低食欲。研究表明，在有红色的空间里，食物会显得更美味，从而消费者会吃得更多，并且愿意花更多的钱来购买食物。橙色也能促进食欲(见图7.7)，而灰色、黑色特别是冷色调的灰色则会让人失去胃口。但这个理论并不能主导所有的餐厅，因为一些餐厅的设计目的并非增加人们的食欲和消费，而是注重消费者对环境的感受。

图7.7　手绘图　(作者：张仲夫)

2. 酒店旅馆

颜色在酒店、旅馆等场合中的运用，是为了让人感到宾至如归。但每个人对颜色的审美观各不相同，如何选用让大家都满意的色彩是设计者需要考虑的。现在的酒店和旅馆的设计都要考虑它们所处的地理位置，室内的颜色往往需要考虑当地的风土人情。如成都W酒店的设计[见图7.8(a)(b)(c)]，结合本地的风土人情，主要围绕九寨沟、麻将、熊猫、脸谱四个元素进行设计，以中国传统戏曲为主题，融合"天府之国"的历史文化与现代创新，致敬当地著名"九寨沟"景观的同时展现了超越想象的当代特色，用色也十分大胆。

在众多酒店的颜色运用中，难以找到一个通用的使用准则，但有一点是相同的，那就是颜色是为了树立酒店的形象而服务的。因此要求在这样的空间里保持颜色的一致，传递给顾客统一协调的心理感受，强化这种心理印象，能使顾客对这个酒店产生深刻的印象，从而使酒店的入住率得到提高。

图7.8(a) 成都W酒店 (摄影：李冬梅)

图7.8(b)　成都W酒店　(摄影：李冬梅)

图7.8(c)　成都W酒店　(摄影：李冬梅)

在酒店的使用过程中会遇到许多实际问题，例如，酒店地板是最容易被磨损的地方，因此，在大厅地板上应采用中等明度的图案以方便清洁和管理。作为特殊行业，酒店装修的频率比较高，一般都是6年装修一次，但是酒店的营业性质决定了不能把太多时间浪费在装修上，在这种情况下，改变室内的色彩是一种短期且有效的方法。酒店房间的用途可能随时发生变化，无论是商务午餐、家庭聚餐、还是会议室，在不改变颜色的前提下，都可以通过日光、人造光源，甚至月光等因素来改变室内的氛围，从而提高其可塑性。

7.3.2 办公空间

办公空间的使用者多是职员，在这个空间中存在着职员之间的竞争关系，因此，设计者需要把职员工作环境的问题也纳入考量。一项研究结果表明，职员最看重的是工作报酬，其次是办公环境。色彩是构成办公环境的一种低成本元素，因此要求设计者在特定的环境中做出适当的颜色取向。办公空间是一种可以增加工作效率、营造严格氛围的场所，同时也需要一定程度的刺激作用，以防止职员在工作中产生厌倦的不良情绪。这就要求办公空间在追求色彩在纯度和明度上寻找变化的同时，还要注意色彩组合形成的图案等，以提高室内的趣味性。最佳的办公空间具有两方面的功能：一是让职员在室内有效地工作，二是注重职员相互之间的沟通。设计者在办公空间设计中运用色彩时，应注意以下几个方面。

1. 视觉印象

在办公空间中，色彩可以调动职员的工作积极性，因此在使用颜色时要有一个和谐统一的色调，这样能给员工带来秩序感，否则，容易引起职员的思想混乱。办公空间也需要提供职员之间相互交流的区域，在这一区域，适当的色彩变化可以形成视觉上的刺激，从而提高职员的工作积极性，激发创造力。图7.9所示为某公司办公室的设计，强烈的几何形体对比和鲜明的色相对比体现了空间的时尚感与现代感，营造出一种积极向上的办公氛围。

2. 影响工作积极性

在办公空间里，如果颜色太多，会给在其中工作的职员带来很大的负担，因为在杂乱无章的颜色面前，人的眼睛会下意识地适应颜色的变化。而当颜色太单调的时候，又会让人产生一种不安的情绪。恰当的色彩运用要有丰富的多样性和层次感，并且要有序地结合，这样才能激发职员的积极情绪，从而提升工作热情。

3. 色彩明度和色相对比

调查显示，在办公空间里，最适宜的颜色亮度为3∶1，即最明亮处的亮度为最黑暗处的3倍。假如一个办公环境里有强烈的光，那么向东的窗口所在的这一面墙壁应该使用明亮度高的色彩，这样可以使光通过反光来照亮室内。就室内空间色调的对比而言，应当采用补色的对比，避免颜色太单调，在需要交流的区域要适度地加大色相之间的对比，使职员从单一的工作环境到达一个比较放松的氛围。图案是由色相之间的对比产生的，把这些图案放在适当的地方，以便职员在工作时可以看得到，从而减轻压力。公司的用餐空间采用鲜明的色彩对比，可以让职员放松地进行交流。

图7.9 某公司办公室手绘图 (作者：张仲夫)

7.3.3 医疗机构

由于医疗机构内部空间的规模往往很大，所以需要用色彩来划分交通路线和功能分区，例如公共空间、病房、实验室和控制室，方便使用者快速找到目的地。

色彩在医疗空间中的运用，不仅有划分空间的功能，还能营造良好的环境氛围。人们观念的更新以及医院的竞争机制改变，使得医疗机构的经营模式也随之发生变化，人们越来越重视辅助疗法，也就是说，除医学技术本身之外，疗效也会受到外界的影响。以往，白色曾被广泛用于

医学设施，因为它能给人一种干净的感觉，但如今这种方法却遭到了更多的怀疑。研究者认为，白色会给人一种死气沉沉的感觉，从而影响病人的康复。医院要有一种家的氛围，就像酒店客房一样，因此，可以在急诊科与病区采用和谐的颜色，让病人感受到温馨。在某些特定的区域，例如医院的食堂，可以采用色彩鲜明的对比来营造一种生动的氛围，让病人在吃饭的过程中得到放松。由于医院规模大，空间功能多样，推荐各功能分区采用多种颜色，以强化功能，缓解病人的

烦躁情绪。

　　由于检查区经常需要患者仰面朝天，因此在天花板上应采取一种冷色调来平和心境。护理中心要有鲜明的色相对比，显眼的效果容易辨认。在病房区用淡色调可以帮助病人舒缓焦躁的心情。儿童诊疗室为了更好地适应幼儿的精神需求，应选用强烈的色相对比。手术室建议使用冷色调，因为它能给长期注视血液的医生带来镇静和放松(见图7.10)。

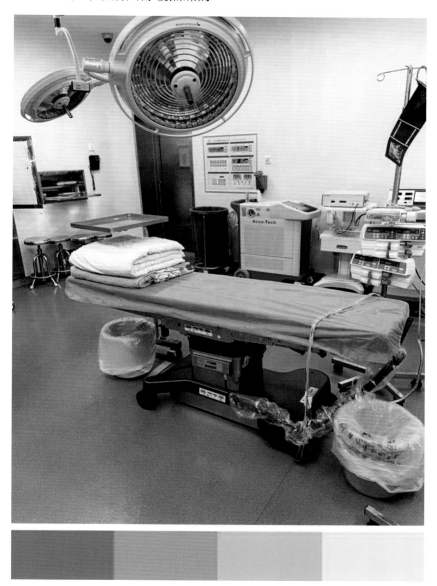

图7.10　某医院手术室　(摄影：陈锾焕)

　　尽管颜色可以作为一种辅助疗法，医学专家们也认可，但有关色彩在医学上的使用信息很少，很难提供有益的参考数据，因此，在颜色的挑选上，最好的方式是跟医务人员进行交流，有针对性地进行选择。

7.3.4　教育机构

在教育机构中，运用色彩不仅可以使教育设施达到统一，还可以增加室内环境的趣味性，激发学生的学习兴趣。色彩所产生的心理效应也可以指导学生正确的行为。在学校里，学生们大部分时间都看着老师，课间休息的时候，他们的眼睛会盯着前方的墙壁，当墙壁的颜色过于明亮时，他们需要改变视觉环境来缓解疲劳。我们都知道，学生在课堂中所处的环境是不会改变的，但设计者可以通过墙面的合理处理，让学生与墙面进行短暂的视觉交流。

在教育机构中，色彩设计者需要投入大量的精力去解决空间上的问题，因为随着孩子的成长，他们对色彩的偏好也会发生很大的变化。比如0～5岁的孩子更喜欢纯度较高的颜色，因此幼儿园一般会选择三原色作为室内的色调。而6～10岁的儿童进入知识学习阶段，高纯度色彩不再适合他们，因为这类色彩容易造成注意力不集中。图7.11所示为少儿素描画室，该室内空间以低纯度、高明度的色调为主，以适应6～10岁儿童的心理需求。

图7.11　深圳某画室　(摄影：曹泽敏)

7.3.5　展示空间

设计展示空间时，色彩的搭配是至关重要的因素，这会直接影响观众的感受、空间的氛围以及所展示项目的视觉表现。以下是色彩搭配的要点，可以帮助塑造一个有效且吸引人的展示空间。

主题和内容的一致性：色彩搭配需要与展览的主题和内容保持一致。例如，历史展览可能会使用更多的暖色调或复古色彩，而现代艺术展则可能更适合使用大胆和鲜亮的色彩(见图7.12)。

图7.12　海洋艺术博物馆效果图　(作者：陈颖莉)

色彩心理的应用：不同色彩能够引发不同的情绪和心理反应，选择合适的色彩可以为观众创造想要的感觉。例如，蓝色通常会给人安静、专业的感觉，而黄色则能够激发快乐和活力(见图7.13)。

图7.13　海洋艺术博物馆效果图　(作者：陈颖莉)

强调展品： 色彩选择应突出展品，而不是与它们竞争。使用中性或背景色可以让展品显得更突出，特别是当展品本身就色彩丰富时。

视觉舒适度： 在展示空间中使用色彩时，要考虑所选用的色彩是否能给人一种舒适的视觉体验。过于强烈的对比、眩光或太多的饱和色彩可能会让观众感到不适。

连续性和流动性： 在整个展示空间中使用统一的色彩主题或调色板，可以创造平滑的视觉流动效果，从而引导观众穿行于不同区域之间(见图7.14)。

图7.14　某大数据展厅效果图　(作者：陈颖莉)

适应性和灵活性： 如果空间需要适应多种展览，则可选用易于变换搭配的色彩方案，如使用可变灯光或易于更换的背景材料。

配色方案的研究： 了解和应用基本的配色理论，比如对比色、互补色或邻近色搭配，可以帮助创建和谐且有吸引力的空间。

场地的光线： 色彩在自然光和人造光下会呈现出不同的效果。务必在实际光线条件下测试颜色，以确保所选方案在所有条件下都令人满意。

文化差异的考虑： 在不同的文化中，色彩有着不同的象征意义和感知。在设计针对国际观众的展览时，考虑这些差异变得尤为重要。

通过综合考虑这些元素，可以创造一个既美观又有效的展览空间，从而提升观众的体验。在实际应用中，不断试验和调整也很重要，因为色彩搭配往往需要根据具体环境和上下文来定制。

参考文献

[1] 张岩鑫 . 张岩鑫之图腾禁果—色彩心理学 [M]. 深圳：深圳报业集团出版社，2012.

[2] 爱娃·海勒 . 色彩的性格 [M]. 吴彤，译 . 北京： 中央编译出版社，2013.

[3] 唐纳德·A. 诺曼 . 情感设计 [M]. 何笑梅，欧秋杏，译 . 北京：中信出版社，2012.

[4] 戴昆 . 室内色彩设计学习 [M]. 北京：中国建筑工业出版社，2014.

[5] 野村顺一 . 色彩心理学 [M]. 张雷，译 . 海口： 南海出版公司，2014.

[6] 张岩鑫，陈颖莉，李多 . 室内空间设计 [M]. 北京：清华大学出版社，2020.

[7] 张青青，张丽娜 . 室内设计与心理学的关系 [J]. 美术大观，2017，(09)：102-103.

| 附录 |

（100个苹果）色彩分析

01 色彩属性低短调，鲜红颜色的物体与木纹搭配，超写实表现形体，在设计中属写实表现，寓意"完美热情"。

02 色彩属性中明低中调，土红色与草绿色的搭配，在设计中属稳定感视觉，中黄与土红过渡塑造形体舒适效果。飞舞不规则的抽象符号与灰色暗部相结合，使背景与主体对话。寓意"落地有声"。

03 色彩属性高中调，橘黄色与墨绿色冷暖搭配，在设计视觉中属生硬感，搭配过渡色才有舒适效果。墨绿塑造体积，背景与主体相互推拉。寓意"难以下潜，尴尬在此"。

04 色彩属性中短调，同类色与对比色进行搭配，在设计中属迷失不确定视觉，材质搭配可有舒适效果。造型与背景相互交融，相互依赖。寓意"迷失中找寻，窃笑……"。

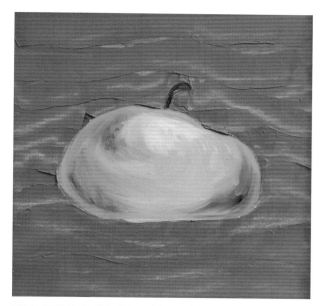

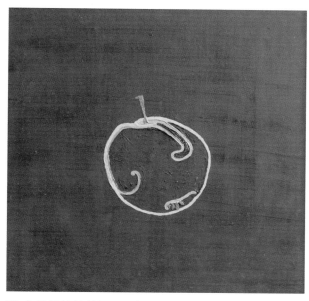

05 色彩属性中明高中调，鲜红与粉红搭配，温吞酸软，在设计视觉中属羞涩感，搭配材质有舒适效果。粉红与黑色过渡塑造体积，背景与主体相互分离。寓意"甘为付出，肥而不腻"。

06 色彩属性低长调，黑色背景加柠檬黄勾勒与鲜红加淡蓝点缀，在设计中属凄美感视觉，明度反差大，线条精美，可有舒适效果。线条与线条相互依赖。寓意"戏剧人生，甘苦自知"。

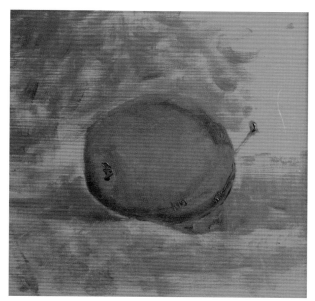

07 色彩属性低短调，鲜红与黑搭配，烟雾浑浊，在设计视觉中属梦幻恐怖感，搭配线条清晰才有舒适效果。满身烟雾滚动的过渡塑造体积，使背景与主体相互连接。寓意"魂牵梦绕"。

08 色彩属性中短调，赭石色与咖啡色明度不同进行搭配，在设计中属稳定舒适感视觉，明度反差小可有舒适效果。剪影般的主体与明度不均的背景相互依赖。寓意"甜美"。

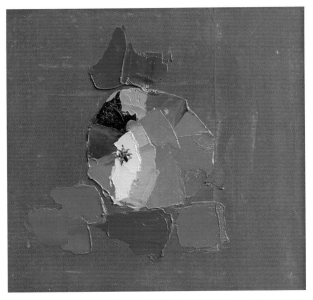

09 色彩属性中明高中调，同类色明度变化，在设计视觉中属安静蓦然感，色彩明度比例得当才有舒适效果。酞青兰与白色过渡塑造体积。寓意"宁静，美在其中"。

10 色彩属性中短调，单色淡化与肌理塑造形体，在设计中属实验三维视觉，肌理变化丰富，搭配可有舒适效果。造型与背景相互融为一体。寓意"瘾君子"。

11 色彩属性中短调，蓝色与墨深红冷暖搭配，在设计视觉中属大忌，搭配不当非常难看。深红塑造体积，背景与主体格格不入。寓意"今生如此，何须来世"。

12 色彩属性中明高中调，明度不同的土黄色进行搭配，在设计中属暖昧感视觉，肌理搭配得当可有舒适效果。造型与背景通过明度进行反差对比。寓意"命运拿我没办法，爱你一口气"。

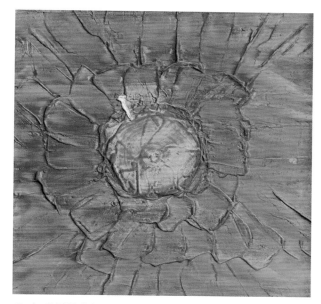

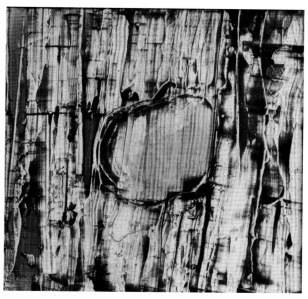

13 色彩属性中短调，嫩绿色全色覆盖与肌理结合，在设计视觉中属平实而富于变化，肌理搭配得当可有舒适效果。肌理堆积塑造体积。寓意"纯洁的集中，何为来世今生"。

14 色彩属性中明高中调，赭石铺底，在设计中属创造类视觉，肌理搭配得当可有舒适效果。造型以肌理为底。寓意"山川河流，天工开物"。

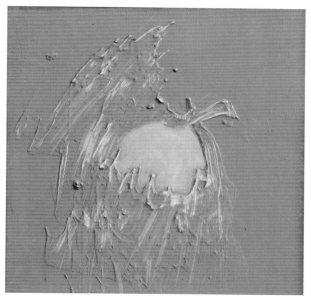

15 色彩属性中明高中调，中黄色为全色铺底，在设计视觉中属凝聚富于表现，肌理搭配得当可有舒适效果。肌理堆积塑造体积。寓意"我心仍在，难以飞翔"。

16 色彩属性中长调，土黄色与酞青兰营造钢铁般的宁静，在设计中属暂停感类视觉，色彩比例搭配得当可有舒适效果。造型以酞青兰明度变化为主。寓意"钢铁是怎样炼成的？"。

17 色彩属性低长调，三原色铺底与纯白主体对应鲜明，在设计视觉中烘托纯净感，三原色的肌理搭配得当可有舒适效果。肌理堆积塑造体积。寓意"洁身自好"。

18 色彩属性高短调，黄色与白色印出色彩斑斓的主体，在设计中属活力动感视觉，肌理与色彩微妙融合，搭配得当可有舒适效果。造型以无色肌理搭配为主。寓意"虽有惊心动魄之念，却无来去自然之机"。

19 色彩属性中短调，中黄色和赭石色搭配铺底，肌理堆积塑造体积，在设计视觉中属凝结类表现，肌理搭配得当可有舒适效果。寓意"抛净过去，凝结自生"。

20 色彩属性中短调，深绿色与淡绿色明度对比成色，造型以肌理明度变化为主。在设计中属清新安静类视觉，色彩比例搭配得当可有舒适效果。寓意"没什么可能，不再问君"。

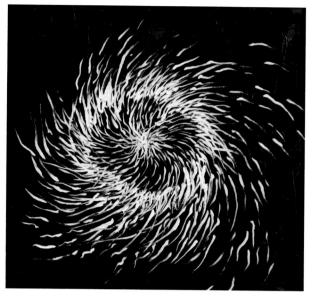

21 色彩属性低长调，黑黄色铺底，雨点般的白色肌理环绕塑造体积，在设计视觉中属视觉集中类表现，肌理疏密搭配得当可有舒适效果。寓意"凝聚自身，生命之雨，裂变"。

22 色彩属性高中调，浅灰色和翠绿色搭配，翠绿肌理堆积塑造体积，在设计视觉中属肌理分离类表现，翠绿肌理拉伸得当可有舒适效果。寓意"拒绝关爱，难听忠告"。

23 色彩属性高中调，暖色和绿色搭配，绿色与补色塑造形体，在设计视觉中属绘画类表现，色块过渡舒展得当可有舒适效果。寓意"命运"。

24 色彩属性低中调，鲜红色和金黄色搭配，手印肌理塑造体积，在设计视觉中属奢华类表现，金黄肌理与手心搭配得当可有舒适效果。寓意"富贵奢华，尽在掌控"。

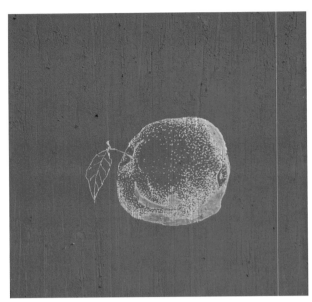

25 色彩属性中短调，脏灰色和脏暖色搭配，脏暖色肌理堆积塑造体积，在设计视觉中属指向类表现，脏暖色肌理堆积可有拒绝效果。寓意"凝聚自然，法力无边"。

26 色彩属性高短调，翠绿色和银色搭配，银色点集积塑造完善体积，在设计视觉中属溶解分离类表现，翠绿肌理平滑得当可有舒适效果。寓意"溶解今生，勿忘青春"。

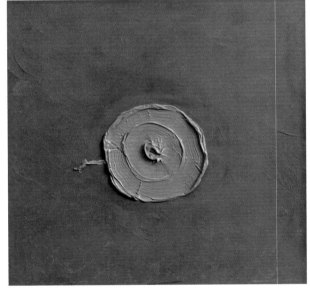

27 色彩属性高中调，柠檬黄色铺底，深绿色搭配，深绿肌理堆积塑造体积，在设计视觉中属开阔类表现，深绿肌理堆积得当可有舒适效果。寓意"以金为屋，以腐为体"。

28 色彩属性中短调，军绿色明度变化色彩搭配，粉绿色肌理堆积塑造体积，在设计视觉中属稳定类表现，粉绿肌理造型得当可有舒适效果。寓意"一颗易弦的心"。

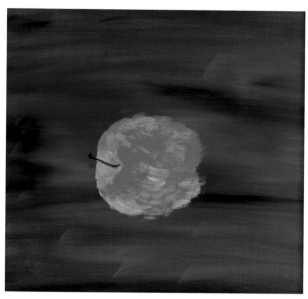

29 色彩属性高长调，淡粉色和墨绿色搭配，墨绿色肌理堆积塑造体积，在设计视觉中属高品表达类表现，墨绿肌理光滑可有舒适效果。寓意"优柔华丽，狂野之心"。

30 色彩属性中明高中调，翠绿色和深蓝色搭配，天蓝色与白色肌理塑造体积，在设计视觉中属梦幻类表现，蓝白轻柔表现得当可有舒适效果。寓意"飘渺无际，灰飞烟灭"。

31 色彩属性高中调，白色和红色搭配，翠绿肌理堆积塑造体积，在设计视觉中属跨越分离类表现，翠绿肌理清新，可有舒适效果。寓意"天地无限，无须增荣"。

32 色彩属性低中调，酞青蓝和白色搭配，淡蓝肌理塑造体积，在设计视觉中属冰冷寂静类表现，蓝白搭配比例得当可有舒适效果。寓意"安静自然，冷艳清心"。

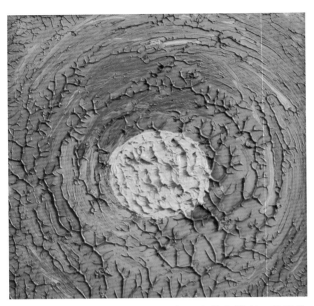

33 色彩属性中明高中调，蓝色和柠檬黄色搭配，天蓝肌理铺底，在设计视觉中属冷调类表现，柠檬黄色淡薄得当可有舒适效果。寓意"深海飘零"。

34 色彩属性中明高中调，赭石色和中黄色搭配，旋转拉伸肌理堆积塑造形体，在设计视觉中属肌理分离类表现，赭石色肌理拉伸得当可有舒适效果。寓意"蟑螂不死！我死！"。

35 色彩属性低中调，暗紫色和中黄色搭配，中黄肌理堆积塑造体积，在设计视觉中属速度创造类表现，速度感鲜明得当可有舒适效果。寓意"追我呀！追我呀"。

36 色彩属性中明低中调，淡紫色和深红色搭配，旋转勾画形体，在设计视觉中属同构类表现，淡紫色厚薄得当可有舒适效果。寓意"你不愿我，我愿你"。

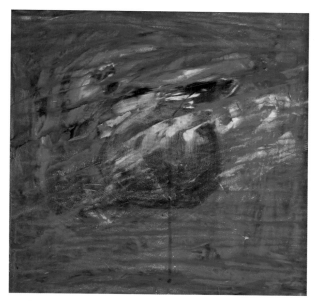

37 色彩属性中短调，天蓝色与白色搅合铺底，浅黄色淡薄表现形体，在设计视觉中属干扰类表现，天蓝色与白色搅合有异常效果。寓意"相互干扰，无恋"。

38 色彩属性高中调，灰黄色和粉绿色搭配，白色肌理堆积烘托体积，在设计视觉中属空间隔离类表现，白绿搭配得当可有舒适效果。寓意"完美空间，有云"。

39 色彩属性中明高中调，土红色与橙色搭配铺底，凹陷塑造形体，在设计视觉中属不宜表现类。寓意"强迫，炼狱"。

40 色彩属性低长调，深蓝色铺底，写实表现形体，在设计视觉中属写实类表现，超现实表现得当可有舒适效果。寓意"自身完美，周围冷漠"。

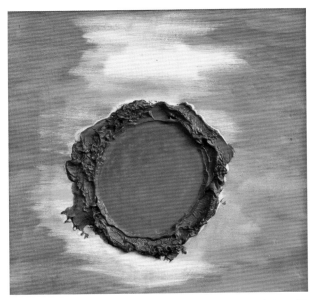

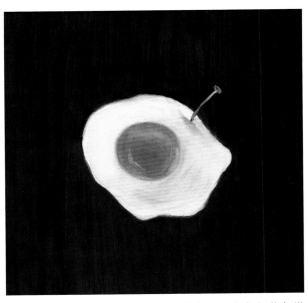

41 色彩属性高中调，土红色与白色铺底，土红色肌理堆积塑造体积，在设计视觉中属肌理维和类表现，肌理与白色比例得当可有舒适效果。寓意"丢在水中的月亮"。

42 色彩属性低长调，深棕色和白色搭配，白色与黄色搭配塑造形体，在设计视觉中属变异类表现，黄白搭配得当可有舒适效果。寓意"烤•靠"。

43 色彩属性中长调，唇红色和太白色搭配，太白肌理堆积塑造体积，在设计视觉中属集中凝结类表现，太白肌理纯度得当可有舒适效果。

44 色彩属性低长调。寓意"姹紫嫣红，唯我"。

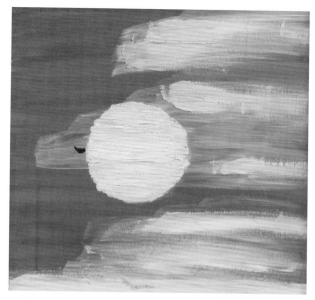

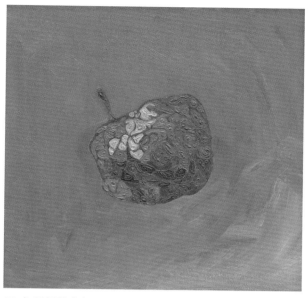

45 色彩属性中明高中调，黄白塑造体积。寓意"眼睛告诉不了什么"。

46 色彩属性中短调，灰度浑浊。寓意"思考到细胞"。

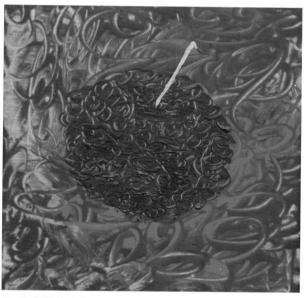

47 色彩属性中明高中调，绿色与灰色搭配，橙色明度变化绘制造型，在设计视觉中属怀旧类表现，绿色怀旧表现可有舒适效果。寓意"梦思"。

48 色彩属性中短调，深红色与中绿色搭配糅杂一起，在设计视觉中属小忌，搭配比例得当才有舒适效果。穿插的线条相互扭曲互溶塑造体积，使背景与主体相互连接。寓意"割不断，理还乱"。

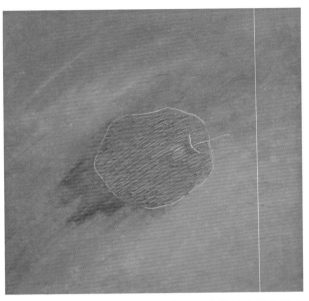

49 色彩属性高中调，黑白灰表现形体，在设计视觉中属形象型类表现。寓意"完美疯狂，夜晚"。

50 色彩属性中短调，灰度色彩搭配，在设计表现中极少用。寓意"抛去，哽咽"。

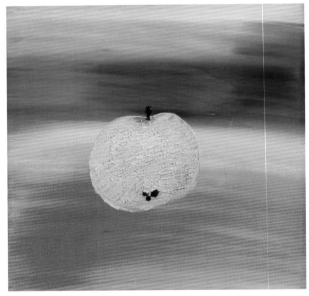

51 色彩属性低长调，曙红色与深蓝色为底，留白绘制体积，在设计视觉中属牵强类，表现时不容易得到满意效果。寓意"无途"。

52 色彩属性高短调，赤橙黄绿青蓝紫表现底色，粉色肌理做形体表达。寓意"孔雀的背影"。

53 色彩属性低长调，超写实绘制，真实材质表现。设计中属精细类表现。寓意"双重性，我独在"。

54 色彩属性中短调，浅灰色和翠绿色搭配，翠绿色绘制体积，在设计视觉中属静默表现，翠绿色与灰色搭配适当可有舒适效果。寓意"高贵，孤冷"。

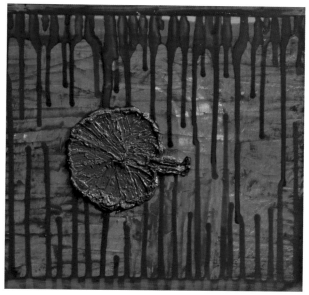

55 色彩属性中明高中调，咖啡状旋涡。寓意"穿越"。

56 色彩属性中短调，墨绿色明度变化肌理塑造形体，设计中属于矛盾空间结合。寓意"矛盾缠绕"。

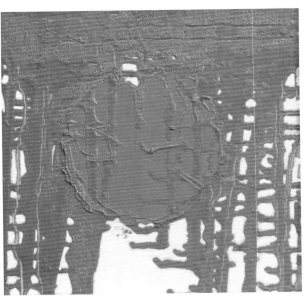

57 色彩属性低短调，翠绿色写实方法绘制主体，在设计表现中属超写实表现，主体表现真实有舒适效果。寓意"我独有，好圈儿"。

58 色彩属性中长调，土红色与鲜红色交织，在设计中属明度互补类。寓意"冰凌的旭日"。

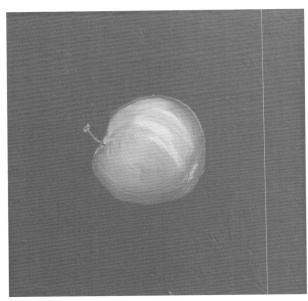

59 色彩属性高中调，蓝色梦幻组合飘舞土黄色，设计中属冲浪动感表现。寓意"高，云"。

60 色彩属性中明高中调，粉绿色加白色比例得当，设计中属稳步亮出。寓意"领结，泡泡儿"。

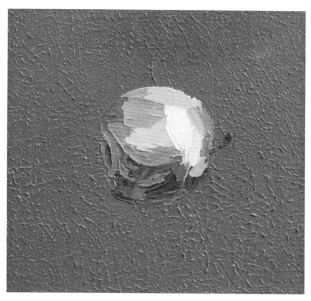

61 色彩属性低长调，色彩斑斓的组合，用色块分割塑造主体。寓意"意大利幸福，单纯"。

62 色彩属性低短调，用刻刀塑造形体，设计属性硬朗。寓意"无端，开运"。

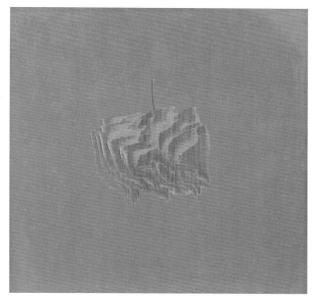

63 色彩属性中短调，浅灰色彩无跳跃属性，肌理表现形体。寓意"不锁行不？"。

64 色彩属性中短调，浅绿色和淡蓝色搭配，在设计视觉中属灰度类表现。寓意"冰凌穿梭"。

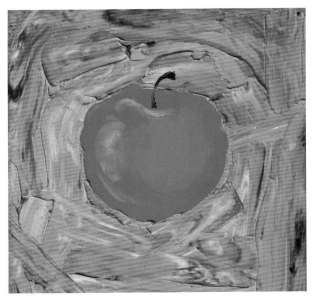

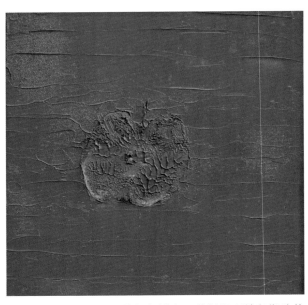

65 色彩属性中明高中调，暖杂色和翠绿色搭配，暖杂色肌理堆积铺底，在设计视觉中属对比类表现，灰度与纯度搭配得当可有舒适效果。寓意"亚当、夏娃偷吃之禁果，我是一块完璧"。

66 色彩属性中短调，草绿色铺底，草绿肌理堆积塑造体积，在设计视觉中属肌理形体结构类表现，肌理节奏变化得当可有舒适效果。寓意"半个印记，还原"。

67 色彩属性中明低中调，天蓝色明度变化肌理铺底，绿色隐藏体积，在设计视觉中属隐喻类表现，肌理与形体造型结合完美有舒适效果。寓意"偷笑"。

68 色彩属性高中调，浅灰色和物体完全色搭配，物体完全色体现体积肌理效果，在设计视觉中属肌理分离类表现，主体肌理变化得当可有舒适效果。寓意"寂静美丽的小土豆"。

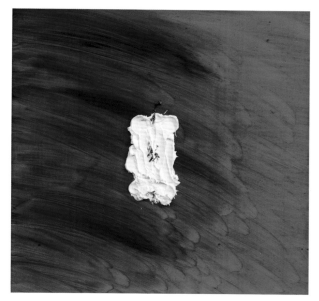

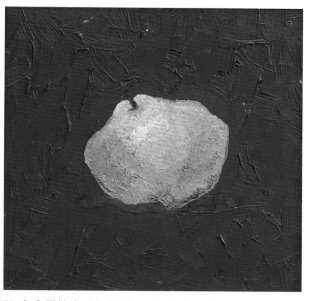

69 色彩属性中明高中调，翠绿色和白色搭配，白色肌理堆积塑造体积，在设计视觉中属肌理造型类表现，翠绿肌理拉伸得当可有舒适效果。寓意"得到全部"。

70 色彩属性中明高中调，深绿色和土黄色搭配，土黄色明度变化塑造体积，在设计视觉中属表达提示类表现，深绿肌理与土黄色体积搭配比例得当可有舒适效果。寓意"谋杀牛顿的苹果"。

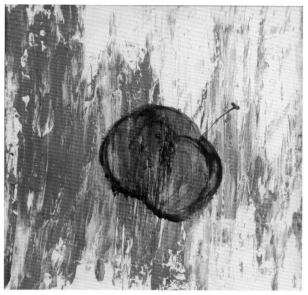

71 色彩属性低长调，黑土色和白色搭配，白色勾画营造体积，在设计视觉中属记录类表现，黑土色肌理与白色搭配得当可有舒适效果。寓意"痴汉裸夫"。

72 色彩属性高短调，白色与大红色明度变化勾画形体。寓意"家里来亲戚了，谁？姨妈"。

73 色彩属性中短调，中性色系暖调搭配勾画形体，色彩浓厚有舒适效果。寓意"我是其中一种，NO"。

74 色彩属性高短调，金黄色明度变化与肌理搭配为底色，肌理堆积塑造体积，在设计视觉中属肌理凝结类表现，肌理搭配得当可有舒适效果。寓意"一早就去了"。

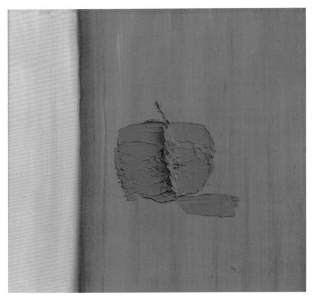

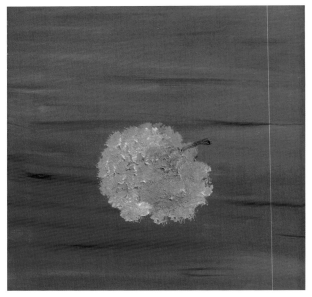

75 色彩属性高短调，翠绿色明度变化，翠绿肌理堆积塑造体积，在设计视觉中属指向类表现，翠绿肌理拉伸得当可有舒适效果。寓意"前后一体"。

76 色彩属性高短调，纯蓝色和白色搭配，白色肌理堆积塑造体积，在设计视觉中属明度变化表现，纯蓝色与白色肌理柔和比例得当可有舒适效果。寓意"纯毛绒绒的，冷傲"。

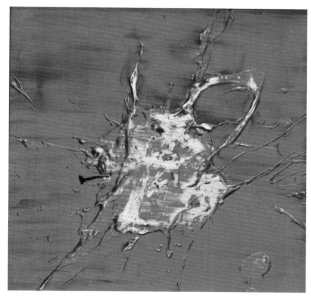

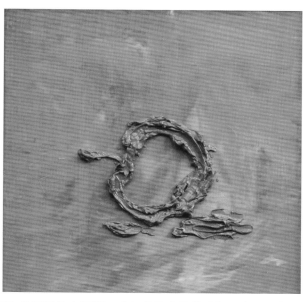

77 色彩属性中明高中调，大红色与肌理变化为底，蛋黄色肌理堆积塑造体积，在设计视觉中属肌理再造类表现。寓意"我醉下了，没死"。

78 色彩属性中短调，土红色为底色搭配肌理表现，土红色肌理堆积塑造体积，在设计视觉中属肌理凝结类表现，土红色肌理拉伸得当可有舒适效果。寓意"我不在，你不在，他在"。

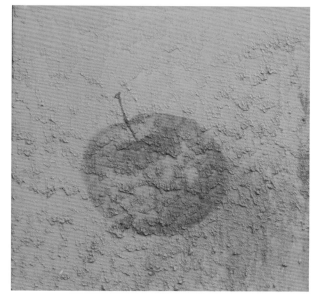

79 色彩属性高中调，彩虹色为底色搭配肌理表现物体，在设计视觉中属结构类表现，彩虹色肌理搭配得当可有舒适效果。寓意"鸡尾酒"。

80 色彩属性高短调，橙色和红色搭配，橙色肌理堆积塑造体积，在设计视觉中属暗喻形式表现，橙色肌理规律表现得当可有舒适效果。寓意"无尽的冲刷，无尽的在，甘地"。

81 色彩属性中短调，黑色明度变化与肌理变化铺底，黑色明度变化勾画体积，在设计视觉中属自然处理类表现，黑色肌理变化得当可有舒适效果。寓意"岁月之痕，不自然"。

82 色彩属性高中调，橙色和墨绿色搭配，墨绿肌理堆积塑造体积，在设计视觉中属反差类表现，墨绿肌理与底色搭配得当可有舒适效果。寓意"渡"。

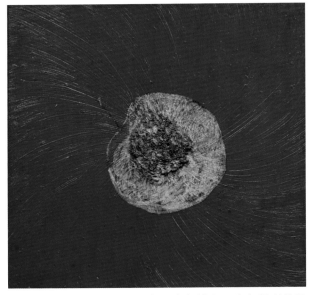

83 色彩属性中短调，中绿色和金色搭配，金色肌理堆积塑造体积，在设计视觉中属肌理凝聚类表现，中绿肌理拉伸得当可有舒适效果。寓意"古希腊的金苹果"。

84 色彩属性高中调，白色为底色，七色肌理堆积塑造体积，在设计视觉中属肌理排列表现，白色底与七色搭配得当可有舒适效果。寓意"多种轨迹，宁愿"。

85 色彩属性中短调，绿色明度变化和黄色搭配，线条勾画表现体积，在设计视觉中属点集中表现，色彩疏密得当可有舒适效果。寓意"鱼儿离不开水……"。

86 色彩属性低短调，墨绿色肌理搭配铺底，墨绿肌理堆积塑造体积，在设计视觉中属肌理堆积表现，墨绿肌理疏密得当可有舒适效果。寓意"踪迹，暴走"。

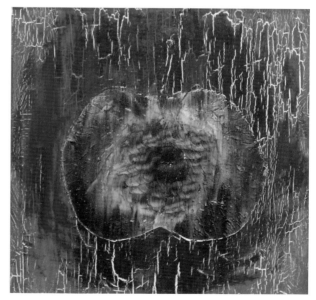

87 色彩属性高中调，中黄色和灰蓝色搭配，灰蓝色绘制形体，在设计视觉中属填补表现，灰蓝色比例得当可有舒适效果。寓意"没读过圣经，圣洁"。

88 色彩属性中短调，蓝色与肌理堆积塑造体积，在设计视觉中属放弃表现。寓意"上帝吃了一口后给了乔布斯的Apple"。

89 色彩属性低长调，太青蓝色铺底，刮开形体，在设计视觉中属剖析表现，刮开比例得当可有舒适效果。寓意"归属夜晚"。

90 色彩属性高中调，黄色和翠绿色搭配，土黄色肌理堆积塑造体积，在设计视觉中属肌理穿插表现，翠绿绘制得当可有舒适效果。寓意"滑下的珍宝"。

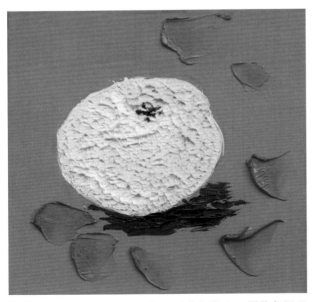

91 色彩属性高中调，大红色和蛋黄色搭配，蛋黄色肌理堆积塑造体积，在设计视觉中属向形表现，翠绿肌理拉伸得当可有舒适效果。寓意"舌尖上的苹果"。

92 色彩属性中短调，浅土黄色肌理铺底，十色肌理堆积塑造体积，在设计视觉中属元素积累表现，十色肌理组合得当可有舒适效果。寓意"高纯度，境界"。

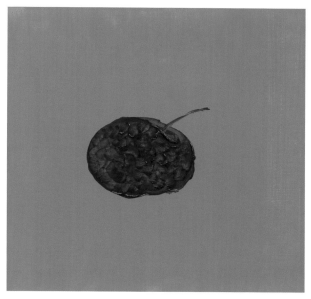

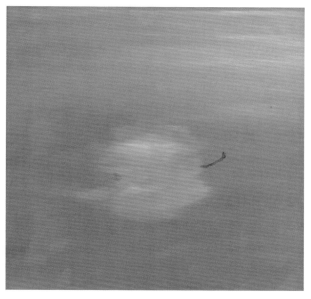

93 色彩属性高中调，深绿色和翠绿色搭配，翠绿肌理铺底，在设计视觉中属有机组合类表现，翠绿肌理拉伸得当可有舒适效果。寓意"青草中的凝想"。

94 色彩属性中短调，浅灰色和黎明色搭配，浅灰色绘制体积，在设计视觉中属高洁表现，浅灰色与夜色搭配得当可有舒适效果。寓意"灵界"。

95 色彩属性中明高中调，鸭屎绿色铺底，五彩绘制塑造体积，在设计视觉中属叠加表现，五色肌理叠加得当可有舒适效果。寓意"有过，戳过"。

96 色彩属性中明高中调，赭石色衬底，留白底和铅笔线描绘体积，在设计视觉中属原位表现，滑落感处理虚实得当可有舒适效果。寓意"急速翻滚"。

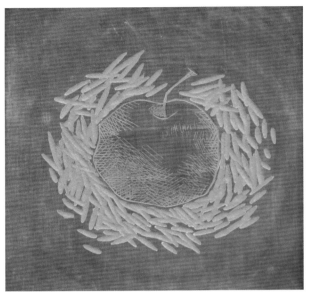

97 色彩属性中明高中调，咖啡色为底，木刀雕刻塑造体积，在设计视觉中属线条疏密得当表现，可有舒适效果。寓意"鸟巢"。

98 色彩属性低短调，酞青蓝色和深绿色搭配留白，深绿色描绘体积，在设计视觉中属嫁接表现，深绿肌理搭配留白可有嫁接感觉。寓意"禁欲"。

99 色彩属性低中调，深红色与大红色搭配，大红肌理堆积塑造体积，在设计视觉中属加盖表现，深红肌理搭配得当可有舒适效果。寓意"处女"。

100 空白。白色跟太白色搭配。寓意"人生百态，一生'苹'安"，代表观者自己的内心。